Transición energética en el cambio climático

de

Kurt Olzog

Transición energética en el cambio climático

Desarrollos
y
perspectivas para el futuro

Autor: Kurt Olzog

Durante sus estudios de matemática y geografía para el profesorado, el autor se ocupó intensamente, entre otros temas, del desarrollo de la economía energética, y redactó el primer trabajo de fin de carrera sobre este campo.

En los años de clases como profesor de escuela secundaria en la enseñanza privada y como docente en la actividad privada, durante las tareas de gestión y en la actividad independiente de organización y asesoramiento empresarial, siguió el desarrollo de la economía energética en diarios y semanarios, así como en los medios públicos y también en la literatura especializada.

Con el correr de las décadas se vislumbraron los primeros efectos del uso intensivo de las materias primas energéticas fósiles carbón, petróleo y gas natural: las consecuencias sobre el clima se hicieron perceptibles.

Una vez finalizados los proyectos de asesoramiento, que demandaron mucho tiempo, el autor se abocó una vez más ampliamente a la economía energética y a los desarrollos de la generación de energía a partir de materias primas energéticas fósiles, entre las que también se cuenta el uranio, y a demostrar en una representación clara las energías renovables cada vez más importantes.

En comparación con ello se representa el desarrollo climático en los cien años pasados y se presenta de manera muy impresionante una dependencia del clima del tipo de consumo de energía del hombre.

Información bibliográfica de la Biblioteca Nacional de Alemania:

La Biblioteca Nacional de Alemania registra esta publicación en la bibliografía nacional alemana; en Internet pueden consultarse más datos bibliográficos a través de www.dnb.de.

TWENTYSIX – Der Self-Publishing-Verlag

Una cooperación entre Verlagsgruppe Random House y BoD – Books on Demand

Realización y editorial:

BoD – Books on Demand, Norderstedt

Deutsche Ausgabe:

ISBN: 9783740710057

Editión español:

ISBN: 9783740716806

Índice

1. Desarrollo de la economía energética

Las fuentes de energía fósiles se utilizaron desde la Revolución Industrial cada vez más para la generación de calor y de electricidad, así como para la locomoción. Ante todo el petróleo se desarrolló en el siglo pasado como la fuente energética más importante de la economía mundial. De tal modo, su participación en el consumo energético mundial en el año 1976 ascendió a casi el 45 %, en cambio a todos los combustibles sólidos en conjunto (hulla y lignito, turba, etc.) les correspondió solo el 30 % y al gas natural ni siquiera el 18 %.[1]

Desde que en la segunda mitad del siglo XIX comenzó a extraerse industrialmente el petróleo (en los Estados Unidos y en Rusia nació la industria petrolera prácticamente en forma simultánea), se extendió cada vez más la demanda de esta materia prima versátil y barata. Especialmente en Norteamérica el petróleo tuvo un uso cada vez más extensivo, de manera que la demanda en rápido crecimiento produjo una industria petrolera en expansión. Principalmente el boom automotor que tuvo lugar después de 1911, mediante el cual el automóvil se convirtió en un medio de transporte para todos, ofreció a las compañías petroleras un mercado de ventas en continua expansión, de modo que en las décadas del veinte y del treinta del siglo XX comenzó a expandirse la búsqueda de petróleo a lo largo de toda la Tierra.

---

1   The British Petroleum Company Ltd., 1976, pág. 16

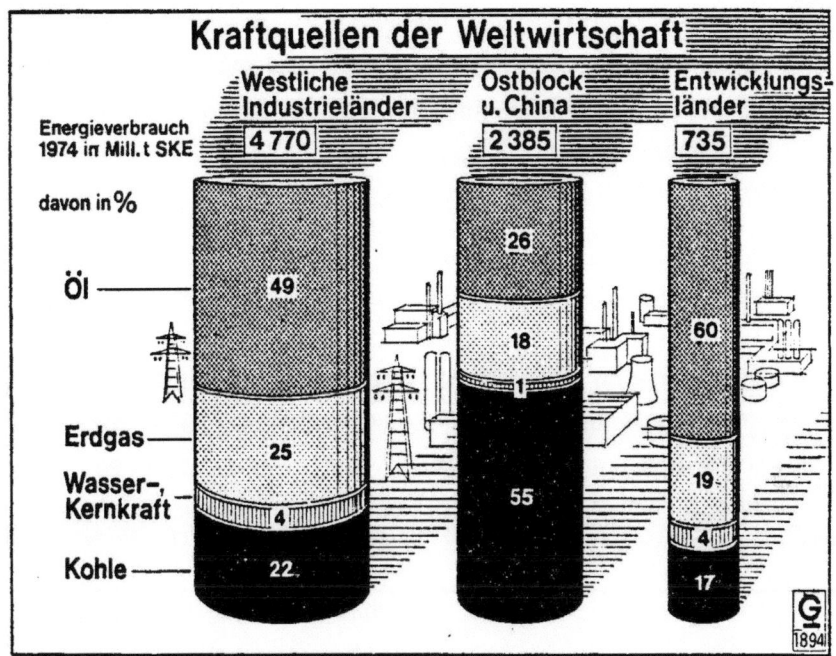

tomado de: EVERS 1976, pág. 106

En Irán e Irak, en Venezuela e Indonesia se extrajo pronto y la exploración fue cada vez más intensiva.

No obstante, entre ambas guerras mundiales, Estados Unidos era considerado el país petrolero por excelencia dado que, por un lado, disponía de grandes reservas petroleras y, por el otro, debido a su amplio consumo de petróleo, poseía también una fuerte industria petrolera. Poco antes de estallar la Segunda Guerra Mundial también en Kuwait y Arabia Saudita estaban en condiciones de comenzar la explotación de los enormes yacimientos allí descubiertos.

La Segunda Guerra Mundial interrumpió la prometedora actividad de las compañías petroleras en el Cercano Oriente. En lugar de ello, los yacimientos petrolíferos americanos fueron aprovechados de tal manera que poco a poco debió suspenderse la exportación petrolera americana.

Tras la finalización de la guerra, la extracción de petróleo en el Cercano Oriente adquirió nuevo impulso, dado que Norteamérica se desarrolló cada vez más como región deficitaria. De tal manera, debía cubrirse no solo el consumo petrolero fuertemente creciente de Europa occidental, sino también la importación cada vez mayor de petróleo del, en aquella época, mayor país productor, Estados Unidos, mediante petróleo de Venezuela y del Cercano Oriente.

Rápidamente se constituyeron yacimientos petrolíferos en el Cercano Oriente, de modo que ya a mediados de los años cincuenta la participación de las reservas petroleras del Cercano Oriente en los yacimientos petrolíferos descubiertos en todo el mundo ascendía a más del sesenta por ciento.

Las compañías petroleras florecidas en Estados Unidos y Gran Bretaña desarrollaron en su actividad métodos cada vez más despóticos que contribuyeron a la crisis iraní (1951-1954). Los infructuosos intentos de emancipación de Irán fueron capaces de intimidar de momento a los demás países productores de petróleo, pero las crecientes influencias soviéticas en el ámbito árabe relativizaron el poder de los países industrializados y de las multinacionales petroleras que actuaban para ellos (basta recordar al Egipto de los años cincuenta).

La crisis de Suez, provocada en 1956 por Gamal Abdel Nasser, es una prueba de las condiciones de poder poco a poco cambiantes: los antiguos imperios coloniales Inglaterra y Francia establecidos en el

Cercano Oriente y en África del Norte perdieron visiblemente importancia. Entretanto, los países productores de petróleo descubrieron que mediante la defensa conjunta de sus intereses estaban menos indefensos frente a la arbitrariedad de los países industrializados y sus compañías petroleras que a través de intentos de resistencia aislados.

Así nació, finalmente, en 1960, la OPEC (Organization of Petroleum Exporting Countries). Los países petroleros utilizaron este nuevo instrumento de su organización, en principio, para imponer ingresos estables contra las compañías petroleras. Más tarde, directamente después de la guerra de los Seis Días con Israel, en el año 1967, probaron su primer embargo petrolero contra Estados Unidos, Gran Bretaña y la República Federal de Alemania.

Pero a pesar del embargo que duró tres meses, se consiguió poco. Por un lado, debido a la política de stock de existencias seguida entonces por los países afectados, de modo que el embargo pudo franquearse durante cierto tiempo, por el otro, por la exigencia adicional de la extracción venezolana e iraní, que aumentó en forma múltiple.[2] Por esta razón, en los países industrializados occidentales este acontecimiento fue evaluado más bien como un fenómeno marginal de la guerra del Cercano Oriente, puesto en escena por árabes impotentes.

Especialmente esto tuvo como consecuencia que se abandonara la política de existencias, dado que se suponía que los países petroleros ya no harían uso del recurso de embargo debido a su ineficacia y a sus perjuicios, incluso para los países petroleros.

---

2   Lieser, 1975, pág. 30 y sig.

A comienzos de los años setenta, la OPEC comenzó repentinamente a atraer la atención: los precios del petróleo subieron. Esto se repitió regularmente, lo que cada vez provocaba una ola de indignación en la opinión pública de los países industrializados occidentales. Este desarrollo alcanzó su punto culminante tras el estallido de la cuarta guerra del Cercano Oriente, la guerra de Iom Kipur, en el día judío de Iom Kipur, el 6 de octubre de 1973, en la que Egipto reconquistó gran parte de sus colonias en el Sinaí perdidas en la guerra de los Seis Días, que incluían importantes yacimientos petrolíferos.[3]

También cuando a comienzos de los años setenta en la por aquel entonces Unión Soviética fueron descubiertos extensos yacimientos petrolíferos en Siberia occidental, cayó la participación del Cercano Oriente no menos del 50 por ciento y luego volvió a subir levemente. Hasta el presente, el Cercano Oriente es el área productora de petróleo más importante, lo que también se refleja en el alcance de la extracción.

Volvió a aplicarse el arma del embargo petrolero y provocó gran pánico entre los países importadores de petróleo, dado que en Estados Unidos, Japón y Europa occidental el consumo de petróleo había aumentado de 1.500 millones de toneladas en el año 1967 a más de 2.300 millones de toneladas en 1973.[4] Los países petroleros hicieron el resto: para reducir la producción petrolera en un 12 %, acompañaron en conferencias sucesivas muy próximas en el lapso de tres meses, un aumento gradual del precio del petróleo de, en total, 400 por ciento.[5]

Esto provocó un shock de tal magnitud en la opinión pública de los

---

3   Oktoberkrieg und Truppenentflechtung (Guerra de octubre y separación de fuerzas), Spiegel N° 32, 1978, pág. 201
4   The British Petroleum Company Ltd. (BP), 1976, pág. 20
5   Lieser, 1975, pág. 21

países industrializados occidentales que tuvo como consecuencia que turbulencias político-económicas hicieran tambalear el crecimiento económico de los países industrializados: "Se desordenan las balanzas comerciales y de pago, aumentan las tasas de inflación, se extiende el creciente desempleo, los productos sociales brutos de los países industrializados occidentales presentan solo tasas de incremento mínimas y cada vez que vuelve a ser virulento el peligro de guerra en el Cercano Oriente se hacen oír las lacrimosas voces de los políticos, de los medios públicos y de los ciudadanos afectados sensiblemente como consumidores de energía."[6]

Mientras en el Cercano Oriente se pusieron en marcha esfuerzos por la paz, los países industrializados occidentales comenzaron a analizar la crisis del petróleo o, como se la denominó cada vez más, la crisis energética, sus causas y consecuencias, para poder enfrentar mejor en el futuro desarrollos similares. Nació la Agencia Internacional de Energía (AIE), una organización subsidiaria de la OCDE.

La AIE debía constituir un instrumento para los países industrializados partícipes para que estuviesen asegurados tanto frente a las molestias por parte de la OPEC como también para buscar y continuar desarrollando el diálogo con los países petroleros, como así también, en tercer lugar, aplicar fuentes de energía alternativas con más precisión que hasta ahora en favor de una mayor independencia de la OPEC.

La crisis del petróleo logró algo más: se tornó más intensa la atención a los países en vías de desarrollo, pobres en recursos naturales. Debido a los precios del petróleo que aumentaron enormemente, precisamente los más pobres entre los países en vías de desarrollo tuvieron tales dificultades de pago que sus créditos se

---

6   Ibídem

disparararon a lo alto en forma extrema, de modo que a veces apenas podían pagar los intereses.

La OPEC y la AIE intentaron así con todos sus medios ayudar provisionalmente a estos países gravemente perjudicados y en cualquier caso necesitados en virtud del desarrollo negativo de la economía mundial y por su propia apatía (y por ende también su masiva desnutrición).

Las situaciones de intereses de la economía energética de los miembros más importantes de la AIE son, desde siempre, muy diferentes. De tal modo, Japón debió importar su consumo de petróleo completo; esto era en 1974 después de todo más del 74 % del consumo anual de energía.

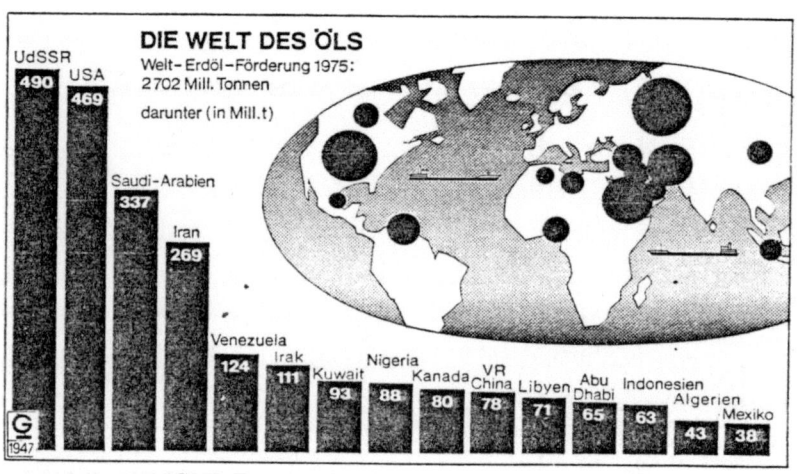

tomado de: FERNAU 1976, pág. 94

La ampliación de la energía nuclear chocó en aquel entonces contra grandes reservas de la opinión pública japonesa. La economía americana, tradicionalmente poco dependiente de las exportaciones, no dependía ni depende en tal medida de los mercados foráneos como la europea occidental o la japonesa. Sin embargo, en el campo de la política general, Estados Unidos, en carácter de potencia líder del mundo occidental, es especialmente sensible a las interacciones entre los problemas económicos y su libertad de acción de política exterior. Por esta razón, no solo intereses económicos, sino más aún de política general, motivan a Estados Unidos a la cooperación dentro de la agencia de energía.

La postura de Europa occidental respecto a la AIE fue muy diferenciada. Desde fines de los años sesenta, por ejemplo, se descubrieron considerables yacimientos petrolíferos en la zona del Mar del Norte británico y noruego. Por otra parte, Gran Bretaña y la República Federal de Alemania poseen enormes yacimientos carboníferos. Además, los Países Bajos y, moderadamente, Gran Bretaña disponen de yacimientos de gas natural que cubren prácticamente la mitad del consumo de energía primaria neerlandés. En cambio Francia e Italia son manifiestamente pobres en recursos propios de fuentes de energía primaria, países que deben cubrir una porción considerable de su consumo de energía primaria a través de importaciones.

El papel de las compañías petroleras y de gas se ha transformado fuertemente desde la crisis del petróleo. "Las compañías petroleras en los países de la OPEC ya no son propietarias del petróleo crudo allí producido. Por un lado, se convirtieron en compradores de petróleo crudo, con lo que en parte pudieron asegurar contractualmente posibilidades de adquisición a más largo plazo; por el otro, se convirtieron en oferentes de servicios que, a su vez, sobre una base contractual se dedican a la extracción de petróleo crudo y la exploración para los países petroleros."[7] Que las compañías petroleras traspasaran los dictados de precios de la OPEC a los compradores fue absolutamente una necesidad.

Las tareas de exploración y desarrollo de nuevos yacimientos petrolíferos, que además siempre eran más caras y requerían técnicas cada vez más costosas, exigían sumas enormes de capital de inversión, de modo que si las compañías participaron algo en los aumentos de precios durante la crisis, solo se comportaron de manera consecuente. No recién en esta oportunidad formaron parte de las conversaciones las fuentes de energía alternativa, no solo la energía nuclear que de vez en cuando ya despertó malestar antes de la crisis del petróleo. El previsible agotamiento de los yacimientos petrolíferos (con una extracción constante de tres mil millones de toneladas por año, el petróleo descubierto hasta ese momento alcanzaba solo para 30 años más)[8] obligó a reflexionar sobre procedimientos alternativos de obtención de energía.

Era menester ocuparse, ante todo, de un uso más efectivo de la energía. El derroche energético habitual de larga data en Norteamérica, hacía tiempo que ya no era un modelo para la política energética de Europa occidental. No obstante, también en este país era baja la eficiencia del aprovechamiento energético. En consecuencia, debía elevarse el grado de eficiencia.

Con ayuda de fuentes de energía alternativas y un aprovechamiento energético más efectivo, la economía mundial logró en el curso de los años 1975 a 1985 una reducción del consumo de petróleo. Con el retroceso de la producción también estaba vinculada una reestructuración sostenida de la obtención de petróleo mundial. En

7   Burchard 1076, pág. 124
8   BP 1976, pág. 4, 20

Europa occidental, Norteamérica y África aumentó la producción, mientras que en el Cercano Oriente se redujo intensamente, ante todo para mantener estable el precio del petróleo. La producción descendió aquí de casi 970 millones de toneladas a alrededor de 506 millones de toneladas.[9]

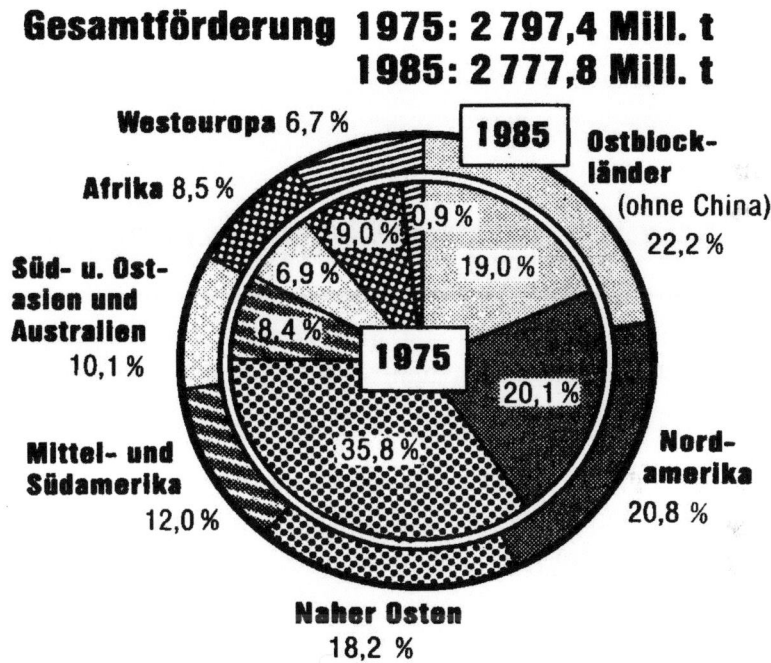

Gesamtförderung 1975: 2 797,4 Mill. t
1985: 2 777,8 Mill. t

Westeuropa 6,7 %

Afrika 8,5 %

Süd- u. Ost-
asien und
Australien
10,1 %

Mittel- und
Südamerika
12,0 %

1985

1975

9,0 % 0,9 %
6,9 % 19,0 %
8,4 %
20,1 %
35,8 %

Ostblock-
länder
(ohne China)
22,2 %

Nord-
amerika
20,8 %

Naher Osten
18,2 %

Die veränderten Schwerpunkträume der Erdöl-förderung 1975–1985

"La participación de los países de la OPEC... en la producción mundial de petróleo ascendió en 1985 tan solo al 29 % (en cambio en 1973 fue del 54 %). Esto correspondía a menos de la mitad de la capacidad de producción de estos países y se encontraba aún muy por

9   Der Fischer Weltalmanach 1987, pág. 861 y sig., con ilustración

debajo de la cantidad de producción que había sido estipulada para estabilizar el precio a través del impedimento de otra sobreoferta."[10] El mercado petrolero se había convertido en un mercado de compradores con excedentes de oferta.

"El consumo mundial de energía primaria se incrementó en 1970-80 en 34,5 % y en 1980-90 en 21,7 %. Esta ralentización del aumento del consumo se continuó en los años noventa; el consumo se incrementa actualmente en forma anual en alrededor del 1 % y se encuentra de este modo sensiblemente debajo del crecimiento económico global, así como debajo del aumento de la población en todo el mundo.

Vista globalmente, la fuente de energía más importante es –por lejos– el petróleo (1993: 36,8 %)."[11]

El consumo de gas natural se incrementó en los años setenta esencialmente más que el aumento total del consumo de energía. Su participación se elevó del 19,5 % en el año 1970 a 24,0 % en 1993.

La participación de las materias primas energéticas sólidas hulla y lignito (segunda fuente de energía en importancia) descendió de 32,9 % en 1970 a 28,9 % en 1993.

"El empleo de la energía nuclear registró las tasas de crecimiento más altas, ante todo hasta mediados de los años ochenta (1970: 0,1 %; 1980: 1,2 %; 1985: 5,5 %; 1990: 6,8 %). En los últimos años, la participación se estancó en 7,2 %."[12]

---

10 Ibídem pág. 863
11 Der Fischer Weltalmanach 1997, pág. 1052
12 Ibídem pág. 1053 y sig. con tabla

Utilisatión de las fuentes de energía para el consumo mundial de energía 1970-1992
(solo energia comercial) según "Yeaqrbook of World Energy Statistics", UNO,
mil milliones tec (toneladas equivalentes de carbón, Mrd. t SKE, Steinkohleeinheiten)

	1970 Mrd.t SKE	%	1980 Mrd.t SKE	%	1990 Mrd.t SKE	%	1992 Mrd.t SKE	%	1993 Mrd.t SKE	%
Erdöl	3,009	45,3	3,835	44,6	4,011	36,9	4,028	36,7	4,074	36,8
Kohle	2,184	32,9	2,623	30,5	3,239	29,8	3,226	29,4	3,207	28,9
Erdgas und Stadtgas	1,293	19,5	1,836	21,4	2,563	23,6	2,596	23,7	2,659	24,0
Kernenergie	0,010	0,1	0,101	1,2	0,738	6,8	0,792	7,2	0,806	7,2
Wasserkraft, Sonstige	0,145	2,2	0,198	2,3	0,314	2,9	0,319	3,0	0,339	3,1
Insgesamt	6,641	100,0	8,593	100,0	10,865	100,0	10,961	100,0	11,085	100,0

La tabla muestra el empleo global de las fuentes de energía más importantes y sus cambios respecto al consumo hasta 1991. Tales cálculos pueden diferir considerablemente entre sí en distintas fuentes, según el modo de conversión y según la dimensión de la inclusión de fuentes de energía no comerciales (p. ej. energía animal, tales como animales de tiro o de carga, leña, centrales eólicas e hidráulicas de uso privado, energía solar y otros).

A lo largo de los diez años siguientes se produce un nuevo aumento del consumo de aproximadamente el 11 %, en el que la importancia del petróleo, debido al crecimiento del gas natural, desciende al 34,3 % en el año 2002. El gas natural y el gas ciudad prácticamente han igualado su importancia ahora con el carbón (hulla y lignito) con algo más del 27 % del consumo total.[13]

Utilisatión de las fuentes de energía para el consumo mundial de energía
(solo energia comercial)

	1970 Mrd. t SKE	%	1980 Mrd. t SKE	%	1990 Mrd. t SKE	%	2000 Mrd. t SKE	%	2002 Mrd. t SKE	%
Erdöl	3,009	45,3	3,835	44,6	4,011	36,9	4,311	35,3	4,361	34,3
Kohle (Stein- und Braunkohle)	2,184	32,9	2,623	30,5	3,239	29,8	3,217	26,4	3,496	27,5
Erdgas und Stadtgas	1,293	19,5	1,836	21,4	2,563	23,6	3,319	27,2	3,459	27,2
Kernenergie	0,010	0,1	0,101	1,2	0,738	6,8	0,947	7,8	0,981	7,8
Wasserkraft, Windkraft, Sonstige	0,145	2,2	0,198	2,3	0,314	2,9	0,404	3,3	0,401	3,3
Verbrauch Insgesamt	6,641	100,0	8,593	100,0	10,865	100,0	12,198	100,0	12,698	100,0

Fuente: Yearbook of World Energy Statistics, Naciones Unidas

---

13   Der Fischer Weltalmanach 2007, pág. 672 y sig. con tabla

En el consumo total se refleja también el consumo chino en rápido crecimiento, pues entretanto China ha ascendido para ubicarse como el segundo consumidor de energía más grande detrás de Estados Unidos.[14]

Los mayors consumidors de energía
mil milliones tec

	2002	2001	2000	1990
USA	3177,8	3117,9	3167,2	2 686,9
VR China	1271,1	1096,4	1009,1	893,4
Russland	856,9	860,2	851,4	–
Japan	677,6	674,3	672,1	564,2
Indien	473,6	456,1	455,1	269,2
Deutschland	457,9	468,7	455,8	501,3
Kanada	352,8	348,3	354,2	291,9
Frankreich	348,8	345,9	333,2	294,7
Großbritannien	318,1	329,3	331,9	307,4
Italien	252,8	250,7	247,5	223,7
Rep. Korea	238,4	227,6	221,7	119,1
Südafrika	198,9	190,3	190,8	115,2
Mexiko	196,4	195,1	196,7	157,8
Ukraine	190,9	208,1	204,2	–
Brasilien	181,6	180,5	177,4	116,9
Spanien	165,9	158,4	156,5	80,8
Australien	160,9	166,3	157,3	127,1
Polen	120,3	123,9	122,5	96,0
u. a. Österreich	37,3	38,0	35,8	31,9
Schweiz	34,0	35	32,9	31,9

Fuente: Naciones Unidas

---

14 Ibídem, pág. 673, con tabla

Entretanto, India consume también más energía que, por ejemplo, Alemania.

En este período hubo conflictos iraquí-kuwaitíes en torno a la obtención de petróleo en la zona fronteriza en común. El 2.8.1990 Irak ocupó Kuwait y declaró a Kuwait la 19ª provincia iraquí. Después de sanciones y resoluciones de las Naciones Unidas, esto llevó el 17.1.1991 a la segunda guerra del Golfo,[15] que tuvo como consecuencia la retirada de Irak, pero dejó yacimientos petrolíferos en llamas. Sin embargo, la economía energética mundial no se perturbó mucho.

Diez años después, el 11.9.2001, atentados terroristas destruyeron o dañaron los dos edificios del World Trade Center en Nueva York y el Pentágono. Irak se negó a condenar esos atentados terroristas. Esto llevó a otra guerra en Irak el 20.3.2003 por la intervención de Estados Unidos y Gran Bretaña, esta vez sin mandato de las Naciones Unidas.[16] Pero tampoco esto afectó mucho a la economía energética mundial.

Las fuentes de energía regenerativa, tales como la energía hidroeléctrica, la energía solar y eólica y la biomasa, aún no desempeñan en este momento un papel relevante, a pesar de que entretanto se ha demostrado que el dióxido de carbono contribuye como gas invernadero principalmente al calentamiento global en virtud de la cantidad emitida.

El hidrógeno como fuente de energía recién está disponible en cantidad reducida y se genera mediante el empleo de fuentes energéticas fósiles en lugar de energía regenerativa, como por ejemplo energía solar o eólica excedente. Los primeros pasos

---

15 DIE ZEIT: Das Lexikon in 20 Bänden, Hamburgo 2005, tomo 07, pág. 134
16 Ibídem, pág. 135

vacilantes se vislumbran recién una década después. Un intento de convencer a los países árabes, mimados por el sol, de que podrían invertir en forma preliminar para la era pospetrolera, desembocó en ideas absurdas de querer obtener apoyo, porque el hasta ahora valioso petróleo poco a poco perdería valor ya que no sería necesario. El concepto "DESERTEC", creado para este fin por empresas renombradas, perdió sensiblemente por esta razón la fuerza persuasiva.[17]

Ya en 1972 se conoció un informe al Club de Roma[18] con el título "Los límites del crecimiento", editado por D. Meadows y otros,[19] en el que se describe de manera impresionante la limitación de principio de los recursos en nuestro planeta.

Entretanto, los precios de las materias primas energéticas fósiles aumentaron tanto que vale la pena explotar las arenas de alquitrán y petróleo de esquisto hallados en Norteamérica.

También yacimientos petrolíferos y gasíferos explorados en fondos del mar profundos hacen que valga la pena el producto.

---

17 Posteriormente, más al respecto
18 Club de Roma, iniciado en 1968 por Aurelio Peccei (1908 a 1984), asociación informal de científicos, políticos y líderes económicos de numerosos países
19 D. Meadows y otros, 1972

Petróleo   promoción, milliones t

	2008	2012	2013
Saudi-Arabien	509,9	549,8	542,3
Russland	493,7	526,2	531,4
USA	302,3	394,1	446,2
VR China	190,4	207,5	208,1
Kanada	152,9	182,6	193,0
Iran	214,5	177,1	166,1
Ver. Arab. Emirate	141,4	154,7	165,7
Irak	119,3	152,5	153,2
Kuwait	136,1	153,7	151,3
Mexiko	156,9	143,9	141,8
Venezuela	165,6	136,6	135,1
Nigeria	102,8	116,2	111,3
Brasilien	98,8	112,2	109,9
Angola	93,1	86,9	87,4
Katar	65,0	83,3	84,2
OPEC	1 746,0	1 776,3	1 740,1
Weltförderung	3 993,2	4 119,8	4 132,9

Fuente: BP 2014

El procedimiento químico de fracturación hidráulica recientemente empleado para la obtención de gas y de petróleo desde grandes profundidades en Estados Unidos permitió, inclusive, ser considerablemente menos dependiente de las importaciones de gas.[20]

---

20 Springer, Michael: Wird Fracking den Energiehunger stillen? (La fracturación hidráulica, ¿saciará el hambre de energía?) En: Spektrum der Wissenschaft 8/14, pág. 20

"Las reservas comprobadas y obtenibles de petróleo permanecieron constantes en 2013 en comparación con el año anterior y, según datos de BP, ascendieron a 1,6879 billones de barriles. El alcance estático del petróleo asciende así a 53,3 años; en Europa (incluidos Rusia y los Estados de la CEI) a 23,4 años, en cambio en el Cercano Oriente a 78,1 años... El 72 % de las reservas corresponde a Estados de la OPEC, alrededor de tres cuartas partes de ello al Cercano Oriente. En cambio, los Estados de la OCDE llegan solo al 15 %.

Estas cifras subrayan la importancia de la OPEC y especialmente de la región del Golfo para el futuro aprovisionamiento de petróleo. Al igual que el año pasado, Venezuela era en 2013 el Estado más rico del mundo en petróleo y disponía del 18 % de todas las reservas confirmadas. A Arabia Saudita le correspondió el 16 %, a Canadá el 10 %, a Irán e Irak respectivamente el 9 % y a Kuwait el 6 %. En el futuro le corresponderá un papel cada vez mayor en el aprovisionamiento de energía a las reservas de petróleo no convencional, como por ejemplo crudos pesados en Venezuela, arenas de alquitrán en Canadá y Rusia, y petróleo de esquisto en Estados Unidos y Canadá. Los precios del petróleo crudo aumentaron en el período 2002-08 en una dimensión no considerada posible hasta ahora. El precio del crudo alcanzó su máximo el 11.7.2008 con 147,50 USD/barril de la variedad Brent del Mar del Norte. De este modo, el petróleo era cinco veces más caro que en 2002. La crisis económica y financiera global que tuvo lugar a mediados de 2008 hizo caer los precios del petróleo en diciembre de 2008 a alrededor de 38 USD/barril. Desde comienzos de 2009, los precios se recuperaron notablemente y superaron nuevamente a comienzos de 2011 la marca de los 100 USD/barril, en torno a la que oscilan desde ese momento. Los precios de la variedad de crudo Brent cotizaron a mediados de 2011 y 2012 en torno a los 111

USD/barril y mostraron en 2013 una tendencia ligeramente descendente con 108,66 USD/barril"[21].

Rohölpreis 2009–14

Fuente: finanzen.net 2014

La problemática del precio de las materias primas energéticas fósiles llevó a esfuerzos más intensos en la ampliación de la energía nuclear. Para el uso pacífico en centrales nucleares, el uranio no debía enriquecerse fuertemente (hasta el 4 % U235 fisionable en la mezcla con U238). Normalmente el uranio extraído está compuesto en un 99,3 % de U238. Pero en centrifugadoras de gas se reduce la participación de U238, de modo que la mezcla de uranio puede ser útil para la reacción en cadena deseada en el reactor. En el reactor, algunos átomos de U238 capturan neutrones lentos, de manera que surge de ello una cierta participación de plutonio Pu239, que a su vez es útil para la reacción en cadena.[22]

---

21 Der neue Fischer Weltalmanach 2015, pág. 662, con tabla, pág. 21 y gráfico
22 Lexikon der Physik, 2000. Spektrum Akademischer Verlag GmbH Heidelberg, tomo 5, pág. 348 y sig., tomo 4, pág. 294 y sig.

La posible "reproducción" de Pu239 a partir de U238 en los denominados reactores reproductores fue uno de los motivos para suponer que el combustible nuclear uranio podía ser utilizado aún durante algunos siglos. En la traducción al alemán publicada en 1980 del "Informe global 2000 para el presidente"[23] se pronostica en la página 72 y siguientes la tasa de incremento de la ampliación de la energía nuclear con más del 200 % hasta 1990. Pero a través de muchos cuasiaccidentes y súper MAP (máximo accidente previsible: MAP elevado a súper MAP con fusión nuclear en el reactor) la población mundial se enteró poco a poco de que esta tecnología no era aún tan segura como afirmaba la economía energética.

Entretanto, nos encontramos en el año 2015 y el ya mencionado cambio climático produce no solo un calentamiento global anual mensurable, sino también palpable. Como se explica en detalle más adelante, el uso descontrolado de las materias primas energéticas fósiles, tales como el petróleo, el carbón y el gas natural, conduce a un considerable aumento del dióxido de carbono en la atmósfera terrestre. Por esta razón, se forma un efecto invernadero en torno a la Tierra que derrite los glaciares, reduce la capa de hielo en el Polo Norte y la adelgaza en partes del Polo Sur y en Groenlandia y Alaska. La consecuencia es un gradual aumento del nivel de los océanos, de modo que las islas pequeñas del Pacífico ya deben ser evacuadas. Esto hace que los Estados que se lo pueden permitir, introduzcan un uso más efectivo de la energía y promuevan el empleo de fuentes de energía alternativas, tales como la fotovoltaica y la energía eólica. Junto con el empleo de la tecnología de fracturación hidráulica arriba mencionada y el uso de arenas de

---

23   Ministerio de Relaciones Exteriores de Estados Unidos y otros: The Global 2000 Report to the President, Washington 1980

alquitrán en Norteamérica surge un excedente para el petróleo que se refleja en su precio.

El semanario "DIE ZEIT" publicó el 8 de enero de 2015 un artículo sobre la compañía petrolera Petrobras en Brasil, en el que se describe esta situación.[24] A continuación, el precio del petróleo se redujo a la mitad en el curso de medio año.

Preissturz

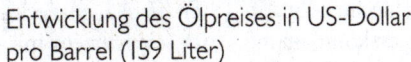
Entwicklung des Ölpreises in US-Dollar
pro Barrel (159 Liter)

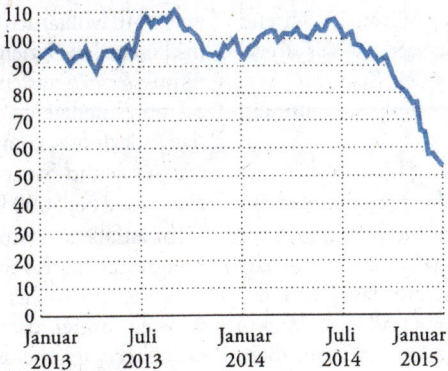

Gráfico **ZEIT**/Fuente: Onvista

Dado que, por un lado, los yacimientos de materias primas energéticas fósiles en principio son limitados y, por el otro, a causa de su uso el clima mundial nos provoca un perjuicio, cabe la pregunta si la obtención de energía no puede continuar desarrollándose hacia una combinación de fuentes de energía

---

24 Thomas Fischermann: Es läuft wie schlecht geschmiert (Funciona como mal lubricado) En: DIE ZEIT N° 2 2015, pág. 25, con gráfico

renovables y neutras para el clima, tales como la energía fotovoltaica y la eólica, y la creciente economía de hidrógeno (p. ej. como tecnología de almacenamiento).

Las materias primas energéticas fósiles podrían almacenarse en la Tierra y solo extraerse nuevamente en condiciones medioambientales más favorables. La fabricación de aceites lubricantes y plásticos puede realizarse en medida creciente a través de materias primas renovables.

No obstante, momentáneamente continúa prevaleciendo un aumento de la extracción de petróleo mientras el consumo poco a poco se estanca. El precio del petróleo se mantiene entonces bajo, de manera que la motivación para pasar a la generación de energía renovable no puede elevarse fácilmente.

"Las **reservas de petróleo** comprobadas y obtenibles permanecieron constantes en 2014 en comparación con el año anterior y, según datos de BP, ascendieron a 1,7001 billones de barriles. El alcance estático del petróleo ascendió así a 52,5 años; en Europa (incluidos Rusia y los Estados de la CEI) a 24,7 años, en cambio en el Cercano Oriente a 77,8 años. La revaluación de las reservas en Venezuela en el año 2011 llevó a un aumento del alcance estático de las reservas de petróleo en Centroamérica y Sudamérica a mucho más de 100 años, el máximo valor en todo el mundo."[25]

25 Der neue Fischer Weltalmanach 2016, pág. 661 y sig., con tabla

Petróleo   promoción, milliones t

	2009	2013	2014
Saudi-Arabien	456,7	538,4	543,4
Russland	500,8	531,0	534,1
USA	322,3	448,5	519,9
VR China	189,5	210,0	211,4
Kanada	152,8	194,4	209,8
Iran	205,5	165,8	169,2
Ver. Arab. Emirate	126,2	165,7	167,3
Irak	119,9	153,2	160,3
Kuwait	121,2	151,5	150,8
Venezuela	155,7	137,9	139,5
EU	99,8	68,5	67,0
OPEC	1 622,6	1 734,4	1 729,6
Weltförderung	3 885,8	4 126,6	4 220,6

Fuente: BP 2015

2. Desarrollo de la energía nuclear

Hiroshima: Ruina del edificio de la Cámara de Industria y Comercio («Cúpula de la bomba atómica»), monumento conmemorativo de la explosión de la bomba atómica de 1945

Durante la Segunda Guerra Mundial se investigó y desarrolló la fisión nuclear hasta llegar a la bomba atómica. Al finalizar la guerra, en el año 1945, se lanzaron sendas bombas de fisión nuclear sobre las ciudades japonesas de Hiroshima y Nagasaki. "El lanzamiento de una bomba atómica estadounidense sobre Hiroshima el 6.8.1945 (primer empleo de armas nucleares) costó la vida a unas 200.000 personas (muchas víctimas por consecuencias tardías) y destruyó la ciudad en un 80 %; reconstrucción a partir de 1949."[26]

Después de la guerra, las potencias vencedoras desarrollaron y probaron las bombas de fusión nuclear, también denominadas bombas de hidrógeno, pero afortunadamente hasta el presente no se han empleado. El uso de la energía nuclear para la obtención pacífica de energía resultó luego, hasta ahora, solo con respecto a la fisión nuclear. El uso de la fusión nuclear para la generación de energía todavía no es económicamente posible hasta el presente. También en la República Federal de Alemania se impulsó el desarrollo de la energía nuclear para la generación pacífica de energía.

En el año 1956 nació una comisión atómica que debía asesorar en materia legislativa al Gobierno Federal. Posteriormente ya no fue necesaria y, en 1971, fue disuelta.[27]

"En Biblis, junto al Rin, cerca de Worms, enormes construcciones superan en altura y proporciones no solo a la respetable catedral de la antigua ciudad imperial, sino también a todo cuanto se haya construido alguna vez en esta región.

26 DIE ZEIT: Das Lexikon in 20 Bänden, tomo 06, pág. 423, con ilustración
27 Winnacker/Wirtz 1975, pág. 76 y sig.

Son cúpulas de reactores y torres de refrigeración de dos centrales nucleares con una potencia conjunta de 2.500 millones de vatios. ...

Estas dos grandes centrales energéticas son los representantes actualmente más grandes de la generación de reactores de agua ligera. Tales centrales energéticas nacen actualmente en muchos países industrializados y también en diferentes lugares de Alemania Occidental. Serán el primer nivel de desarrollo en el uso de la energía nuclear para las próximas una o dos décadas."[28]

El 26.04.1986 se produjo en la localidad ucraniana de Chernóbil la, hasta ese momento, más grande catástrofe en un reactor del uso civil de la energía nuclear.[29]

"Durante una prueba en los turbogeneradores del bloque 4, bajo condiciones de servicio modificadas del reactor, como consecuencia de un aumento instantáneo de la potencia ya no influenciable, se produjeron varias explosiones de vapor e incendios que destruyeron completamente el reactor."[30] De la fuga del núcleo del reactor dañado escapó una nube radiactiva que se extendió hasta Escandinavia y Europa occidental. En un principio, la política de información soviética trató de minimizar la catástrofe. Recién seis días después del *fall out* radiactivo se aceptó la ayuda de especialistas extranjeros.

---

28 Ibídem, pág. 191
29 Der Fischer Weltalmanach 1987, pág. 216 y sig.
30 DIE ZEIT: Das Lexikon in 20 Bänden, tomo 15, pág. 110 y sig., con ilustración

Chernóbil: Vista del bloque 4 de la central nuclear después de la explosión el 26.5.1986

El entonces secretario general soviético Gorbachov se manifestó acerca del suceso por primera vez el 14.05.1986 en un discurso televisivo. Recién dos semanas después del accidente fue posible detener el proceso de combustión en la parte de grafito del reactor. Oficialmente, 203 empleados de la planta sufrieron graves lesiones por radiación, 17 fallecieron por quemaduras, 15 por contaminación por radiactividad. 45.000 personas fueron evacuadas de las áreas afectadas, más tarde, 90.000 habitantes más (información oficial).[31]

"La catástrofe se habría producido cuando se llevó a cabo una prueba mal concebida del sistema de seguridad."[32]

El mapa de la página siguiente muestra la distribución de las centrales nucleares en la entonces Unión Soviética. El tipo de reactor en Chernóbil era un reactor de grafito y agua ligera, también llamado reactor de agua en ebullición (BWR). Los reactores de este tipo fueron construidos en un principio especialmente debido a su estructura más sencilla y económica. Luego se sumaron los reactores de agua pesada, que si bien tenían una estructura más compleja, lograron un nivel de seguridad más alto debido a los circuitos separados de agua y de vapor.

31 Der Fischer Weltalmanach 1987, pág. 217 y sig.
32 Ibídem, pág. 218 y sig. con mapa

Página 33

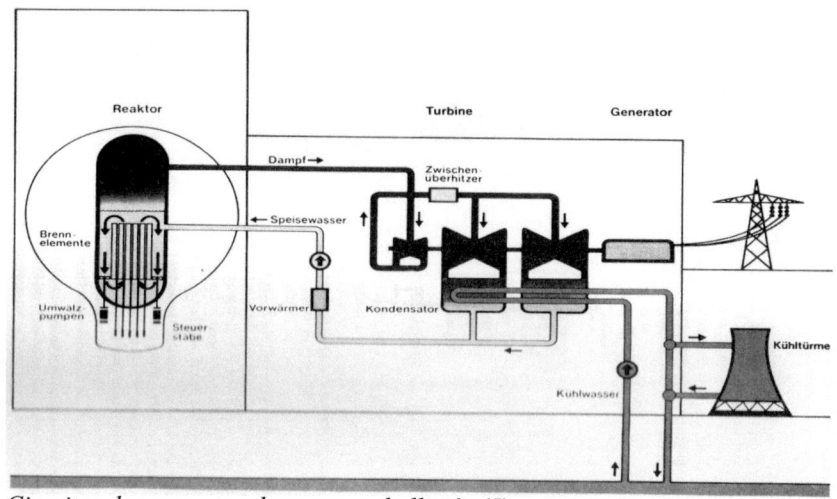

Circuitos de un reactor de agua en ebullición (5)

"La diferencia fundamental entre los PWR (reactores de agua a presión) y los BWR (reactores de agua en ebullición) radica en que el BWR solo tiene un circuito. El vapor se genera directamente en el recipiente de presión del reactor y se conduce directamente a la turbina… Sin embargo, el núcleo del reactor queda cubierto de agua. Bombas dispuestas en el recipiente de presión hacen circular el agua en cortocircuito a través del núcleo. Una parte de esta agua se evapora y se reemplaza por alimentación de agua de condensación… Las ventajas del BWR frente al PWR son la estructura más sencilla, la presión más reducida en el recipiente de presión del reactor y el grado de eficiencia algo más elevado. Sin embargo, estas ventajas deben pagarse a través de la contaminación radiactiva de la turbina, que al utilizar el vapor producido en el reactor no puede evitarse y dificulta los trabajos en la máquina."[33]

---

33 Münch, Erwin 1980, pág. 34 y sig., con ilustración

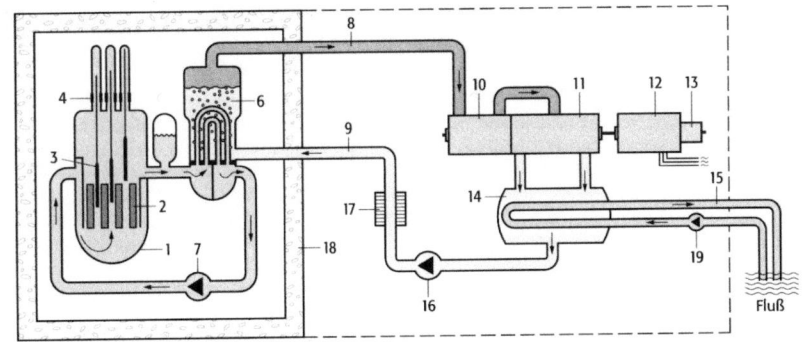

Reactor de agua a presión - Estructura esquemática: 1) recipiente de presión del reactor, 2) elementos combustibles de uranio, 3) barras de control, 4) accionamientos de las barras de control, 5) presionador, 6) generador de vapor, 7) bomba de refrigerante, 8) vapor vivo, 9) agua de alimentación, 10) parte de alta presión de la turbina, 11) parte de baja presión de la turbina, 12) generador, 13) excitatriz, 14) condensador, 15) agua de río, 16) agua de alimentación, 17) sistema de precalentamiento, 18) blindaje de hormigón, 19) bomba de agua de refrigeración.[34]

Esta ilustración muestra el PWR en forma esquemática. "El corazón del reactor, el núcleo, se encuentra en el interior de un recipiente de presión de acero macizo de 20 a 30 cm de espesor de pared. Está formado por delgadas barras combustibles concentradas que contienen el combustible de óxido de uranio en una envoltura metálica... Entre las barras combustibles se mueven las barras de control de material absorbente de neutrones. Las barras de control se mueven por accionamientos electromecánicos que están montados sobre la tapa del recipiente de presión. La entrada de las barras al núcleo tiene lugar por fuerza de gravedad. El calor resultante de la fisión nuclear en las barras combustibles es absorbido por el agua bombeada entre las barras combustibles. El agua cumple simultáneamente la tarea de moderador. El agua caliente a 323 °C es conducida al generador de vapor. Aquí circula a través de una cantidad de pequeños tubos mientras que el calor se irradia a través de la pared de tubos al agua más fría del circuito secundario, que se

---

34 Lexikon der Physik, 2000, tomo 2, pág. 97

encuentra del lado exterior de los tubos. El agua primaria abandona, enfriada a aprox. 290 °C, el generador de vapor y es conducida nuevamente al recipiente de presión del reactor.

La presión en el circuito primario, de 155 bar, es tan alta que el agua, a pesar del calentamiento a 323 °C, aún no se evapora; de ahí también la denominación reactor de agua a presión. La presión sobre el lado secundario asciende en cambio a solo unos 60 bar. Con esta presión y la temperatura que recibe el agua secundaria en el generador de vapor, se produce la evaporación del agua. El vapor se utiliza para el accionamiento de la turbina."[35]

En algunos países vecinos de la entonces Unión Soviética tuvo considerables consecuencias la catástrofe nuclear de Chernóbil: Polonia, Hungría, Rumania y Yugoslavia criticaron abiertamente la política de información soviética. Se produjeron acciones de protesta que exigían suspender la construcción de centrales nucleares y aplazar la construcción de centrales nucleares ya dispuestas. En la República Federal de Alemania se encendió nuevamente la discusión en torno al uso de la energía nuclear. En los Países Bajos no se implementaron por el momento planes para la construcción de dos nuevas centrales nucleares.[36]

35 Münch, Erwin, 1980, pág. 33
36 Der Fischer Weltalmanach 1987, pág. 219

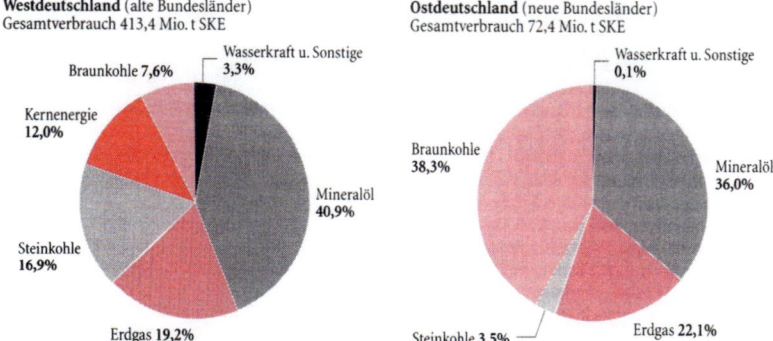

Energieträger in Deutschland 1995 (Anteile am Primärenergieverbrauch)

Westdeutschland (alte Bundesländer)
Gesamtverbrauch 413,4 Mio. t SKE

Braunkohle 7,6%
Wasserkraft u. Sonstige 3,3%
Kernenergie 12,0%
Mineralöl 40,9%
Steinkohle 16,9%
Erdgas 19,2%

Ostdeutschland (neue Bundesländer)
Gesamtverbrauch 72,4 Mio. t SKE

Wasserkraft u. Sonstige 0,1%
Braunkohle 38,3%
Mineralöl 36,0%
Steinkohle 3,5%
Erdgas 22,1%

Fuente: Arbeitsgemeinschaft Energiebilanzen

Como ejemplo para el nuevo desarrollo del empleo de la energía nuclear puede servir el consumo de energía primaria de Alemania del año 1995. En esa oportunidad se abstuvo de la construcción de otras centrales nucleares, de manera que la energía nuclear como fuente de energía en los antiguos estados federados solo se utilizó en un 12 %, en los nuevos estados federados prácticamente no tuvo ninguna relevancia. "Especialmente incierta es la futura participación de la energía nuclear (pronósticos entre 8-15 % para la generación de electricidad), dado que aquí desempeñan un papel más importante las decisiones políticas."[37]

Otros diez años más tarde, el uso de la energía nuclear, en comparación con el consumo de energía primaria en Alemania, casi no varió. En total, en el año 2005 se consumieron alrededor de 486 millones de tec (toneladas equivalentes de carbón), la misma cantidad que en 1995. La participación de la energía nuclear aumentó levemente un 0,5 % para ubicarse en el 12,5 % (véase ilustración en la página siguiente).[38]

---

37 Der Fischer Weltalmanach 1997, pág. 1059-1062, con ilustración
38 Der Fischer Weltalmanach 2007, pág. 675 y sig., con ilustración

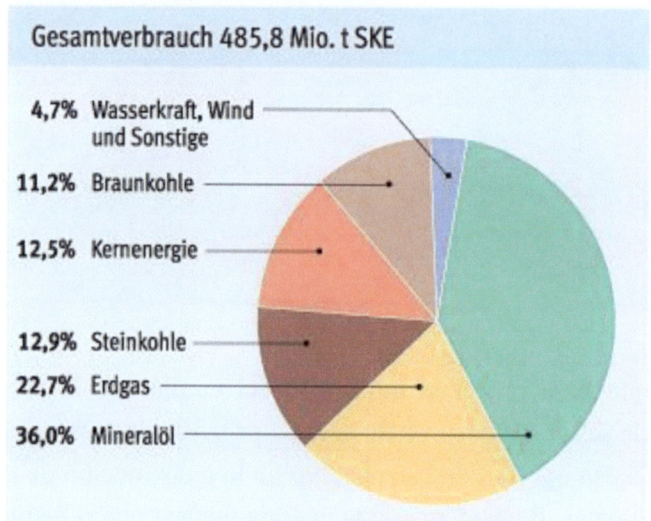

Energieträger in Deutschland 2005
(Anteile am Primärenergieverbrauch)

Gesamtverbrauch 485,8 Mio. t SKE

4,7% Wasserkraft, Wind und Sonstige
11,2% Braunkohle
12,5% Kernenergie
12,9% Steinkohle
22,7% Erdgas
36,0% Mineralöl

Fuente: Arbeitsgemeinschaft Energiebilanzen 2006

Una causa del estancamiento en el desarrollo de la energía nuclear en Alemania fue la coalición de los partidos SPD y "Alianza 90/Los Verdes", que gobernó de 1998 a 2005 y en ese tiempo dispuso el abandono de la energía nuclear. La gran coalición que le siguió de la CDU y el SPD no cambió nada de ello. Cuando en 2009 la coalición de la CDU y el FDP se hizo cargo de los negocios del gobierno, dispuso la revocación del abandono de la energía nuclear. No obstante, esta decisión no duró mucho: hasta el año 2011.

"El 11.3. un terremoto de intensidad 9,0, el más fuerte en la historia de Japón, sacudió el noreste del país. Al terremoto le sucedió un violento tsunami que destrozó amplias partes del país...; según datos de las autoridades japonesas, fallecieron como mínimo 15.000 personas y 50.000 fueron albergadas en alojamientos de emergencia.

Como consecuencia de la catástrofe natural, en la central nuclear de Fukushima-Daiichi, ubicada a unos 270 km al norte de Tokio, falla el sistema de refrigeración; tras varias explosiones se produce la fusión del núcleo en tres bloques del reactor. El 12.4. la autoridad de seguridad atómica japonesa califica el accidente de Fukushima con el máximo nivel de peligro 7 de la Escala Internacional de Accidentes Nucleares (INES, por su sigla en inglés), la misma intensidad que la catástrofe del reactor en Chernóbil en el año 1986."[39]

"La catástrofe nuclear de Fukushima... es el segundo acontecimiento en la historia del uso de la energía nuclear que fue calificado con el **nivel 7**."[40]

---

39 Der neue Fischer Weltalmanach 2012, pág. 17, con ilustración
40 Ibídem, pág. 26, con ilustración en la página siguiente

Reactor destruido de la central nuclear de Fukushima-Daiichi el 24.3.2011

"Pero la catástrofe de Fukushima también hizo que muchos Estados reconsideraran su opinión con relación a la planificación nuclear. De tal modo, hasta mediados de 2011, los siguientes países, entre otros, anunciaron una revisión o **correcciones de la política nuclear**:

• El 25.5.2011 el Gobierno de Suiza resolvió apagar hasta el año 2034 los cinco reactores del país, que hasta hoy cubren en conjunto casi el 40 % de la demanda de electricidad.

• En Alemania se resolvió, en el marco del **paquete de leyes sobre la transición energética** aprobado por el Bundestag (30.6.2011) y el Bundesrat (8.7.2011), no volver a operar los siete reactores apagados en virtud de la moratoria nuclear, así como la central nuclear de Krümmel ya apagada desde 2009, y apagar los restantes nueve reactores a más tardar antes del 31.12.2022.

• En Japón, el Gobierno suspendió el 10.5.2011 sus planes de ampliación para la energía nuclear –de actualmente alrededor del 30 % del suministro de electricidad al 50 % en el año 2030– y anunció una ampliación forzada de las energías renovables.

• En Italia, mediante un plebiscito, el 13.6.2011 se frenaron los planes del Gobierno de Berlusconi para un retorno a la energía nuclear. El 94,1 % se manifestó en contra de la energía nuclear y confirmó así el resultado de un referéndum realizado en 1987 tras la catástrofe de Chernóbil."[41]

La catástrofe nuclear de Fukushima repercutió en todo el mundo:

"La **generación de energía mediante centrales nucleares** cayó de 2.630 millones de GWh (2010) a 2.518 millones de GWh (2011); esto equivale a un retroceso del 4,3 %, el máximo desde 1965. El motivo principal fue el descenso de la generación de electricidad a partir de la energía nuclear en Japón (-44,3 %) y Alemania (-23,2 %)."[42]

El año siguiente cayó la generación de electricidad mediante energía nuclear en todo el mundo inclusive un 7 %.[43]

"Según datos de AG Energiebilanzen, en 2013 retrocedió la **generación de electricidad a partir de energía nuclear en Alemania** en un 2,2% frente al año anterior. Las nueve centrales nucleares que permanecieron en la red generaron 97.300 millones de kWh (2012: 99.500 millones de kWh) de energía, equivalentes a una participación del 15,4 % en la generación de electricidad bruta en Alemania (2012: 15,8 %). De este modo, la energía nuclear se convierte, después del lignito, de las fuentes de energía renovables y

---

41 Ibídem, pág. 25
42 Der neue Fischer Weltalmanach 2013, pág. 666
43 Der neue Fischer Weltalmanach 2014, pág. 666

de la hulla, en la cuarta fuente de energía más importante para la producción de corriente eléctrica. La participación de la energía nuclear en el consumo de energía primaria ascendió en 2013 al 7,6 % (2012: 8,0 %). Las nueve centrales restantes deberán ser apagadas en el siguiente orden: Grafenrheinfeld (2015), Gundremmingen B (2017), Philippsburg 2 (2019), Grohnde, Gundremmingen C y Brokdorf (2021). Las tres centrales más jóvenes Isar 2, Emsland y Neckarwestheim 2 serán desconectadas a más tardar con la finalización del año 2022.

Mientras que en Alemania, Suiza y Bélgica se dispuso la salida de la energía nuclear después de la catástrofe del reactor de Fukushima y en Japón se discute críticamente en forma creciente la energía nuclear, especialmente los países emergentes florecientes, tales como la República Popular China, Rusia, India y Brasil, fuerzan la ampliación de la energía nuclear. Las naciones nucleares establecidas como Estados Unidos, Canadá, Gran Bretaña, Finlandia, Hungría, Eslovenia, Eslovaquia y Suecia, se aferran a la energía nuclear como parte de su mix energético nacional e invierten parcialmente también en nuevos proyectos constructivos."[44]

El 23.07.2015 se difundió la noticia a través de Deutschlandfunk, ZDF y ARD, de que Francia no planifica generar su suministro de electricidad en un 80 % a partir de la energía nuclear, sino solo en un 50 %. El resto deberá generarse a través de fuentes de energía renovables.

---

44 Der neue Fischer Weltalmanach 2015, pág. 667

3. Desarrollo de las fuentes de energía renovables

En el período desde fines de la Segunda Guerra Mundial hasta el año 1985, con excepción de la energía hidroeléctrica, las fuentes de energía renovables todavía no desempeñan un papel en la generación de energía en todo el mundo. Sin embargo, se construyeron y continúan desarrollando en todos los continentes centrales hidroeléctricas:

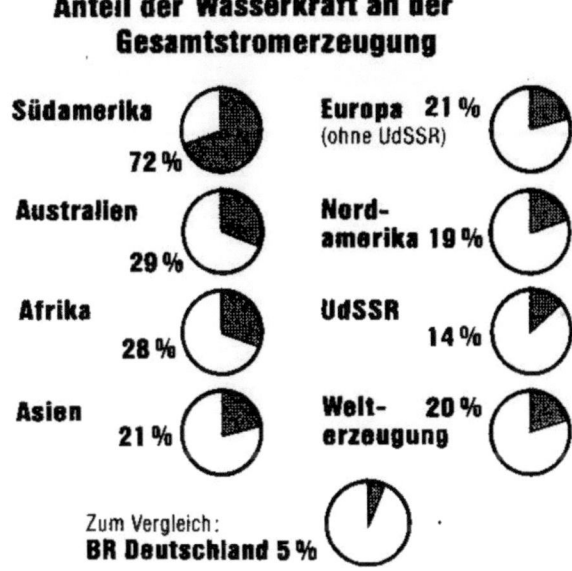

Anteil der Wasserkraft an der Gesamtstromerzeugung

Südamerika 72 %

Australien 29 %

Afrika 28 %

Asien 21 %

Europa 21 % (ohne UdSSR)

Nordamerika 19 %

UdSSR 14 %

Welterzeugung 20 %

Zum Vergleich: BR Deutschland 5 %

En los continentes principalmente con países en vías de desarrollo, la generación de electricidad a través de la energía hidroeléctrica es claramente superior a la de los países industrializados.[45]

---

45 Der Fischer Weltalmanach 1987, pág. 889, con ilustración

La tabla siguiente ilustra el desarrollo de la participación de la energía hidroeléctrica en toneladas equivalentes de carbón (tec) y en porcentaje del consumo de energía mundial entre 1970 y 1983:

Utilisatión de las fuentes de energía para el consumo mundial de energía 1970-1983
(según "Esso" y "Yearbook of World Energy Statistics", UNO)

	1970 Mill. t SKE	%	1980 Mill. t SKE	%	1983 Mill. t SKE	%
Erdöl	3009	45,3	3990	45,6	3701	42,9
Kohie	2184	32,9	2625	30,0	2733	31,7
Erdgas	1293	19,5	1831	20,9	1855	21,5
Kernenergie	10	0,1	84	1,0	114	1,3
Wasserkraft	145	2,2	218	2,5	233	2,7
insgesamt	6641	100,0	8755	100,0	8635	100,0

La participación aumenta del 2,2 % en 1970 al 2,7 % en 1983.[46]

También doce años después, en 1995, la energía hidroeléctrica desempeña todavía el papel principal entre las fuentes de energía renovables. La energía eólica y la fotovoltaica se ubican bajo "otras" fuentes de energía.[47]

"La participación de la **energía hidroeléctrica** y otras **fuentes de energía regenerativas** (p. ej. energía eólica y solar, geotermia) aumentó de 1970 (2,2 %) a 1980 (2,3 %) en forma relativamente lenta, luego algo más rápidamente debido a la ampliación más intensa y la promoción estatal precisa en muchos países (1985: 2,6 % – 1990: 2,9 % – 1995: 3,0 % – 2002: 3,3 %). La energía hidroeléctrica tiene gran importancia, ante todo, en muchos países en vías de desarrollo. En los países industrializados, excepto en los países montañosos Austria, Suiza y Noruega, su participación es relativamente insignificante y solo puede aumentarse difícilmente. El uso de otras energías regenerativas, tales como la energía solar y la eólica, hasta el presente prácticamente no produjo participaciones

---

46 Ibídem, pág. 891 y sig., con tabla
47 Der Fischer Weltalmanach 1997, pág. 1053 y sig.

dignas de mención en todo el mundo, aunque en algunos países tienen mayor importancia regional (p. ej. geotermia en Islandia, energía eólica en el norte de Alemania y Dinamarca)."[48]

En Alemania, las fuentes de energía renovables alcanzaron en el año 2005 alrededor del 4,7 % de participación en el consumo de energía primaria (véase ilustración "Fuentes de energía en Alemania 2005" en el capítulo 2).

Tres años más tarde resultó un cuadro considerablemente diferenciado para la generación de electricidad según fuentes de energía en Alemania:

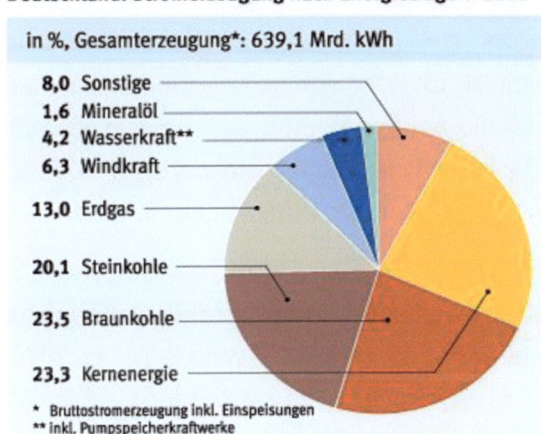

Deutschland: Stromerzeugung nach Energieträgern 2008

in %, Gesamterzeugung*: 639,1 Mrd. kWh

8,0 Sonstige
1,6 Mineralöl
4,2 Wasserkraft**
6,3 Windkraft
13,0 Erdgas
20,1 Steinkohle
23,5 Braunkohle
23,3 Kernenergie

* Bruttostromerzeugung inkl. Einspeisungen
** inkl. Pumpspeicherkraftwerke

Fuente: Arbeitsgemeinschaft Energiebilanzen 2009

La energía hidroeléctrica y la energía eólica alcanzaron en conjunto alrededor del 10,5 % de participación en la generación de electricidad. Se suman a ello otras, con un 8 %, tales como

48 Der Fischer Weltalmanach 2007, pág. 673

fotovoltaica, biogás, etc.[49] Otros dos años más tarde, en 2010, la participación de las fuentes de energía renovables en todo el mundo volvió a aumentar. "Las fuentes de energía renovables (o regenerativas) –energía hidroeléctrica, energía eólica, biomasa, fotovoltaica, energía termosolar y geotermia– ganan importancia en todo el mundo como complemento y sustitución de las fuentes de energía fósiles –petróleo, gas natural, carbón– y la energía nuclear. Un uso más intensivo de las fuentes de energía renovables permite – con excepción de la biomasa– la reducción de la emisión de gases perjudiciales para el clima y contribuye así a la protección climática. Además, las fuentes de energía renovables favorecen la diversificación de la base de recursos, reducen la dependencia de las materias primas fósiles y garantizan así la seguridad de suministro. Las energías renovables son principalmente fuentes de energía nacionales que contribuyen al valor agregado regional. En muchos países en vías de desarrollo pueden facilitar asimismo el acceso a la energía para grandes partes de la población. Sin embargo, hasta ahora numerosos problemas tecnológicos, de infraestructura, económicos y políticos dificultan un uso extensivo.

Según datos de BP, la **participación de las energías renovables en el consumo de energía primaria** en todo el mundo fue en 2010 del 7,8 %, de lo que el 6,5 % corresponde a la energía hidroeléctrica y el 1,3 % a las restantes fuentes de energía renovables."[50]

En el ejemplo de la generación de energía en Alemania queda algo más claro el desarrollo de la participación de las energías renovables:

---

49 Der Fischer Weltalmanach 2010, pág. 703, con ilustración
50 Der neue Fischer Weltalmanach 2012, pág. 682 y sig.

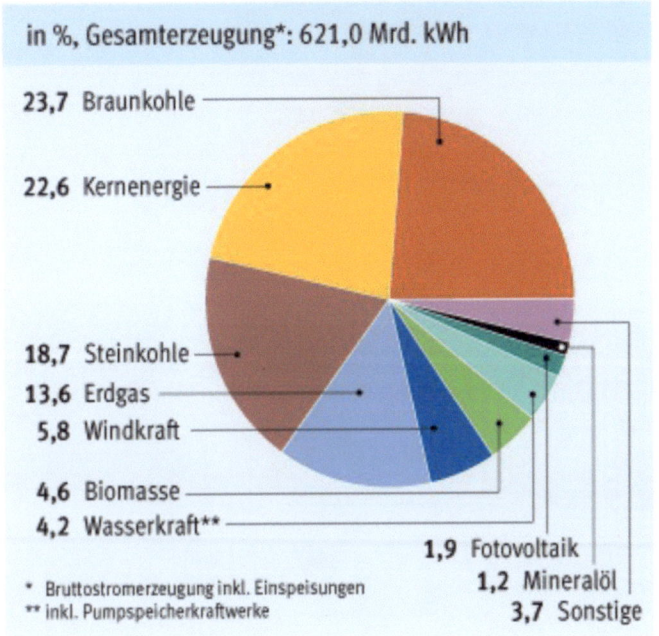

Deutschland: Stromerzeugung nach Energieträgern 2010

in %, Gesamterzeugung*: 621,0 Mrd. kWh

23,7 Braunkohle

22,6 Kernenergie

18,7 Steinkohle
13,6 Erdgas
5,8 Windkraft

4,6 Biomasse
4,2 Wasserkraft**

1,9 Fotovoltaik
1,2 Mineralöl
3,7 Sonstige

* Bruttostromerzeugung inkl. Einspeisungen
** inkl. Pumpspeicherkraftwerke

Fuente: AG Energiebilanzen 2011

Aquí se suman energía eólica, biomasa, energía hidroeléctrica y fotovoltaica en una participación del 16,5 %.[51]

Si dejamos pasar otros tres años, descubrimos un aumento vertiginoso de la participación de las energías renovables en el suministro de electricidad en Alemania. La fotovoltaica provee ahora, con el 4,7 %, más electricidad que la energía hidroeléctrica (3,2 %).

---

51 Ibídem, pág. 685, con ilustración

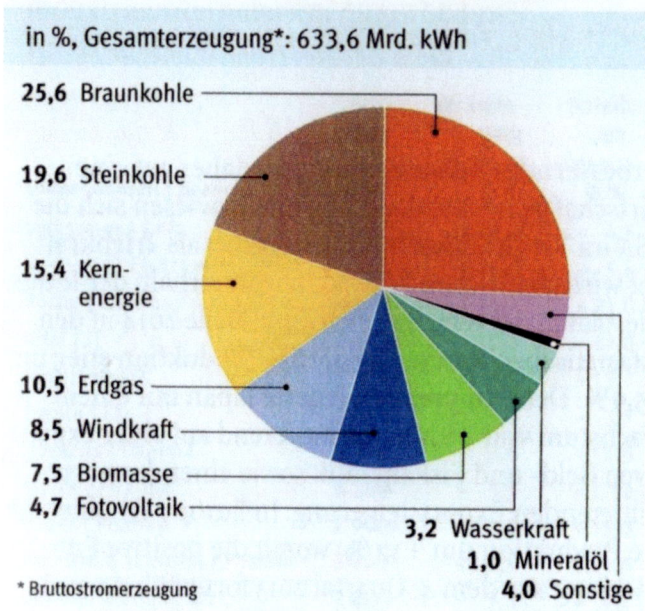

Deutschland: Stromerzeugung nach Energieträgern 2013

in %, Gesamterzeugung*: 633,6 Mrd. kWh

25,6 Braunkohle

19,6 Steinkohle

15,4 Kern-
energie

10,5 Erdgas

8,5 Windkraft

7,5 Biomasse

4,7 Fotovoltaik

3,2 Wasserkraft
1,0 Mineralöl
4,0 Sonstige

* Bruttostromerzeugung

Fuente: AG Energiebilanzen 2014

La energía eólica, la biomasa, la fotovoltaica y la energía hidroeléctrica proveen en conjunto una participación del 23,9 % de la generación de electricidad.[52]

"De este modo, después del lignito, las energías renovables fueron la segunda fuente de energía más importante para la generación de electricidad."[53]

---

52 Der neue Fischer Weltalmanach 2015, pág. 669, con ilustración
53 Ibídem, pág. 668

"La máxima participación mundial en la electricidad generada en forma regenerativa alcanzó en 2013 en Dinamarca el 47 %, seguida de Portugal (30 %) y España (26 %). Si se incluye en los cálculos la energía hidroeléctrica, el aporte de las fuentes de energía renovables a la generación de electricidad mundial fue en 2013 del 21,7 %. En Europa estuvo en el 26,3 %, en Centroamérica y Sudamérica, a causa de las elevadas participaciones de la energía hidroeléctrica, en el 63,0 %, en cambio en el Cercano Oriente tan solo en el 2,6 %."[54]

La participación de las fuentes de energía renovables creció notablemente en todo el mundo. En los cinco años entre 2009 y 2014 se duplicó mundialmente y alcanzó el seis por ciento. En Europa, incluidos Rusia y los países de la CEI, la participación fue inclusive del 10,5 % en el año 2014 y continúa en ascenso.[55]

También en Alemania se ha reflejado este desarrollo. "La **generación de electricidad bruta** a partir de fotovoltaica, energía eólica e hidroeléctrica, biomasa y residuos domésticos estuvo en el año 2014 en Alemania, con 160.600 millones de kWh, un 5,4 % por encima del valor de 2013. El aporte de las energías renovables a la generación de electricidad bruta aumentó así al 26,2 % (2013: 24,1 %), con lo que las energías renovables reemplazaron al lignito (25,4 %) como la fuente de energía más importante para la generación de electricidad."[56]

---

54 Ibídem, pág. 667
55 Der neue Fischer Weltalmanach 2016, pág. 667, con ilustración
56 Ibídem, pág. 669, con ilustración en la página subsiguiente

Anteil erneuerbarer Energieträger* an Stromerzeugung nach Regionen

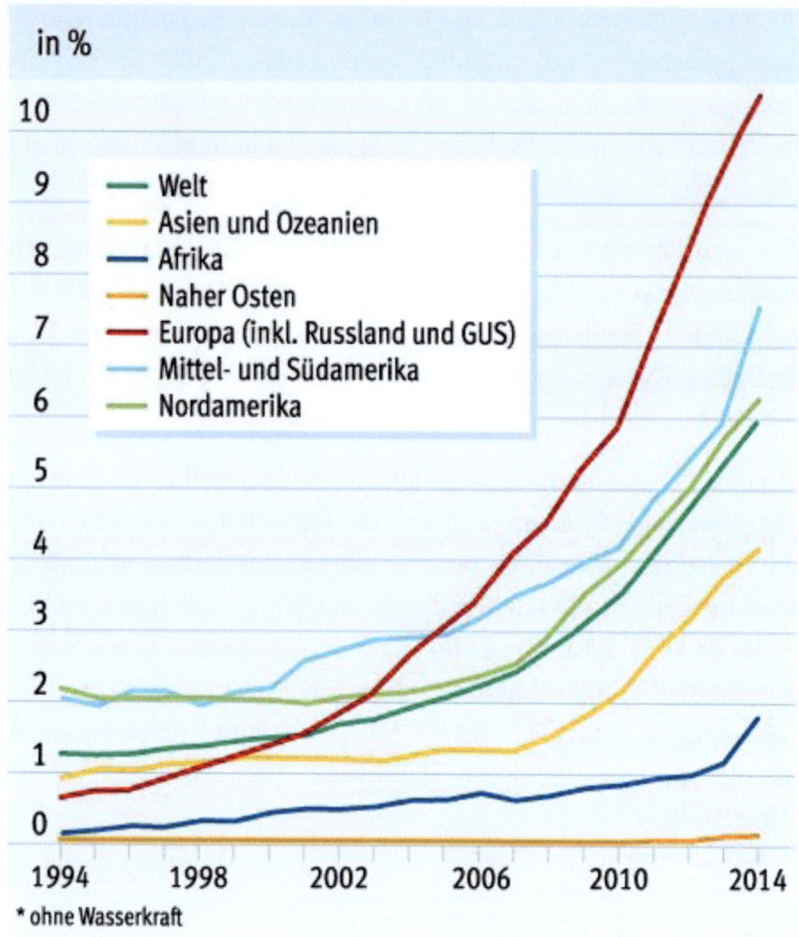

* ohne Wasserkraft

Fuente: BP 2015

Deutschland: Stromerzeugung nach Energieträgern 2014

in %, Gesamterzeugung*: 614,0 Mrd. kWh

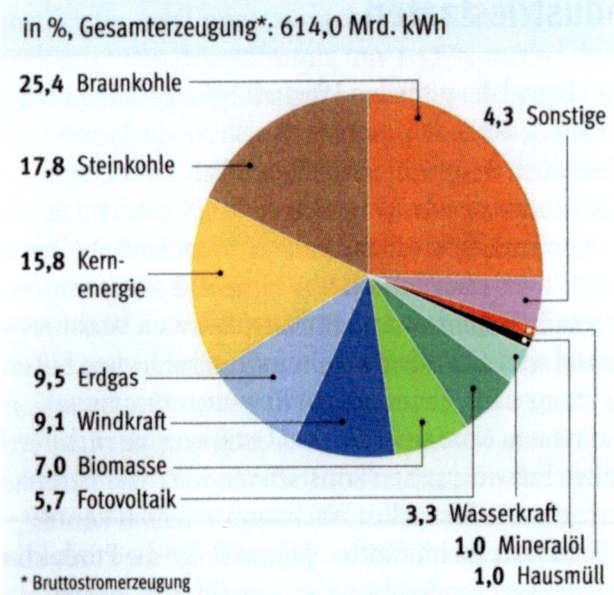

25,4 Braunkohle

4,3 Sonstige

17,8 Steinkohle

15,8 Kern-
energie

9,5 Erdgas

9,1 Windkraft

7,0 Biomasse

5,7 Fotovoltaik

3,3 Wasserkraft

1,0 Mineralöl

1,0 Hausmüll

* Bruttostromerzeugung

Fuente: AG Energiebilanzen 2015

4. Desarrollo climático en el siglo pasado

Los cambios climáticos afectan principalmente a la circulación general de la atmósfera, la presión atmosférica, la temperatura y las precipitaciones. En los siglos pasados se han descubierto múltiples efectos de retroalimentación. Además de los cambios climáticos naturales, como por ejemplo debido a la variabilidad de las influencias solares y por las erupciones volcánicas, existen cambios climáticos provocados por el hombre, ante todo por "suministro de energía, gases de escape, aumento del dióxido de carbono, gases traza, así como cambios por la destrucción de la vegetación."[57]

Los perjuicios de la atmósfera localmente limitados provocan múltiples daños graves, como calor residual, lluvia ácida, esmog, fotooxidantes y contaminación del aire. Debido a la multiplicación de estos efectos en la escala global, surgen problemas mucho mayores cuyas causas antropogénicas pueden demostrarse solo con esfuerzo, "tal el hecho de que desde hace alrededor de 100 años, con la industrialización ha aumentado la temperatura global de la atmósfera en cercanía del suelo en 0,7 °C, con mayor intensidad en los últimos 10 años."[58]

Las actividades del hombre en el curso de la industrialización han modificado la composición de la atmósfera en tal medida, que lentamente se desarrolla y continúa aumentando la amenaza a la supervivencia sobre la Tierra. La concentración atmosférica de los gases de efecto invernadero y la temperatura medial global "están sometidas a oscilaciones naturales que, sin embargo, se superponen

---

57 DIE ZEIT: Das Lexikon in 20 Bänden, tomo 08, pág. 55
58 Ibídem

cada vez más por la influencia de las actividades humanas. Desde el comienzo de la industrialización, estas conducen hacia el enriquecimiento de los gases invernadero y hacia un calentamiento global..."[59]

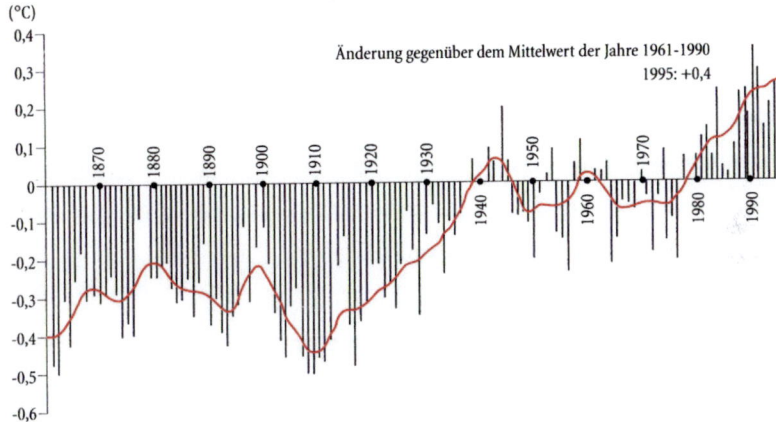

Entwicklung der globalen Mitteltemperatur

Fuente: Hadley-Centre 1996

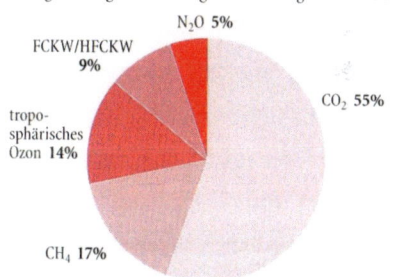

Beitrag einzelner Gase zum anthropogenen Treibhauseffekt
Heutige Störung der Strahlungsbilanz im Vergleich zu 1750

Fuente: Intergovernmental Panel on Climate Change (IPCC), 1995

"El aporte de los distintos gases invernadero al calentamiento global surge de la respectiva intensidad de su aumento de concentración y de la capacidad de absorber radiación térmica emitida por la Tierra... Desde hace poco se sabe que los aerosoles que se forman por la combustión de fuentes de energía fósiles (carbón, petróleo y gas natural) y biomasa, debido al aumento de la reflexión de la

59 Der Fischer Weltalmanach 1997, pág. 1120 y sig., con ilustración

radiación solar, actúan potencialmente en forma refrigerante sobre el clima terrestre. Las consecuencias climáticas de las concentraciones en aumento de gases invernadero vuelven a neutralizarse así otra vez en aproximadamente un 20 %".[60]

En 1992, a partir de este desarrollo surgieron medidas políticas: 159 Estados suscribieron una Convención Marco sobre el Cambio Climático (CMCC), que entró en vigencia el 21.3.1994 y fue ratificada precisamente por estos Estados hasta julio de 1996. La primera Conferencia de las Partes de la CMCC tuvo lugar del 28.3. al 7.4.1995 en Berlín y estipuló que hasta la tercera Conferencia de las Partes en 1997 en Japón debían disponerse metas de limitación y reducción para lapsos de tiempo definidos.[61]

Hacia fines de 1997 se publicaron los compromisos perfeccionados y concretizados sobre la protección climática en **Kioto** (Japón) por medio de la aceptación del "**Protocolo de Kioto**" en ocasión de la tercera Conferencia de las Partes de la CMCC.[62]

Algunos años más tarde se demostró que los diez años de 1995 a 2005, con excepción de 1996 y 2000, fueron los más cálidos desde el comienzo de las observaciones. "Regionalmente, los **fenómenos climáticos extremos** estaban distribuidos en forma muy dispar en los años anteriores: hubo **olas de calor** en Australia (el año más cálido desde el comienzo de los registros en 1910), India, Pakistán y Bangladesh (mayo/junio, temperaturas récord de 45-50 °C, monzón sudoccidental tardío, como mínimo 400 víctimas fatales en India), en el sudoeste de los Estados Unidos (comienzos de julio), en el centro de Canadá (hasta ahora el verano más cálido y húmedo), en la República Popular China (uno de los veranos más cálidos desde

60 Ibídem, pág. 1123, con ilustración
61 Ibídem, pág. 1125
62 Der Fischer Weltalmanach 2004, pág. 1318

1951), sur de Europa y norte de África (julio, temperaturas en Argelia de hasta 50 °C, varias víctimas fatales). Se observaron **olas de frío** en los Balcanes (comienzos de febrero), en Marruecos (enero, temperaturas de hasta -14 °C) y en la zona de Asia Oriental (diciembre, Japón y Corea). Continuó el **período de sequía** de muchos años en el Cuerno de África (sur de Somalia, este de Kenia, sudeste de Etiopía y noreste de Tanzania): 11 millones de personas en esta región corren riesgo de morir de hambre. También estuvieron afectados por la sequía, entre otros, el sur de África (5 millones de personas hambrientas en Malawi), Europa occidental (las sequías más graves en España y Portugal desde los años de 1940), sur de Brasil (diciembre, cosecha de maíz y de soja fuertemente perjudicadas) y la cuenca del Amazonas (los más bajos niveles de agua desde hace 60 años). Durante la época del monzón (junio-septiembre), en el oeste y el sur de India, lluvias torrenciales e **inundaciones** afectaron a 20 millones de personas y hubo 800 muertos. El 27.7.2005 cayeron en Mumbai 944 mm de lluvia, más que nunca antes en un día. Aprox. 450 personas fueron víctimas de los diluvios. Entre otras, hubo más inundaciones entre octubre y diciembre en el sur de India (300 muertos), Tailandia (52 muertos) y Vietnam (69 muertos), en la tercera semana de junio en el sur de la República Popular China (170 muertos), entre mayo y agosto en Europa del Este (66 muertos solo en Rumania), en enero en Costa Rica y Panamá (35.000 refugiados), así como en febrero en Colombia y Venezuela (80 muertos)."[63]

---

63 Der Fischer Weltalmanach 2007, pág. 710 y sig., con ilustración

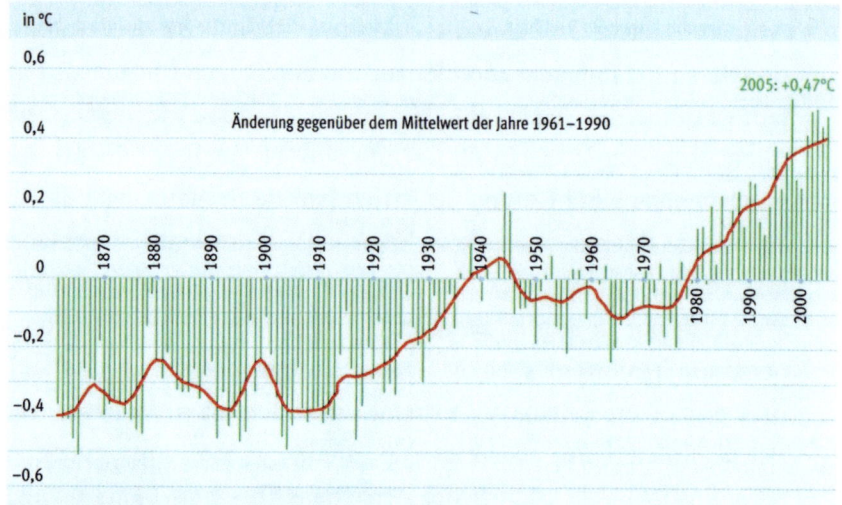

Entwicklung des Weltklimas 1861–2005

Fuente: OMM

"El **aumento del nivel del mar** de 10-20 cm observado en los últimos cien años probablemente deba atribuirse en su mayoría al calentamiento global. Este proceso podría acelerarse a través del derretimiento de las capas de hielo polares. La banquisa en el Ártico tiene actualmente solo la mitad del espesor de hace 50 años, su extensión en 2005 fue por cuarto año consecutivo claramente inferior al promedio de muchos años (-20 % frente al período 1974-2004). El Grupo Intergubernamental de Expertos sobre el Cambio Climático (Intergovernmental Panel on Climate Change, IPCC), constituido a nivel de las Naciones Unidas, calcula hasta el año 2100 con otro aumento de la temperatura media global de 1,4 a 5,8 °C y del nivel del mar de 9 a 88 cm en caso de que no se tomen las contramedidas adecuadas. Nuevos cálculos modelo publicados a fines de septiembre de 2005, en el que participaron en todo el mundo 15 grupos de investigación, arrojaron un calentamiento de 4 °C en caso de que continúen aumentando como hasta ahora las emisiones de gases invernadero, y de 2,5 °C en caso de que al menos se respeten las prescripciones del Protocolo de Kioto.

Después de nuevos estudios publicados por investigadores estadounidenses a fines de marzo de 2006 en la revista científica Science, las capas de hielo en Groenlandia y en la Antártida podrían derretirse sensiblemente más rápido que lo estimado hasta ahora: los veranos árticos en el año 2100 serán entonces probablemente tan cálidos como hace casi 130.000 años. En aquel entonces, el nivel del mar era seis metros más alto que hoy. Dado que la destrucción de las capas de hielo y el consecuente aumento del nivel del mar se producen con retraso en el tiempo, este proceso se tornaría irreversible en algún momento durante la segunda mitad del siglo XXI. Los investigadores parten de que el nivel del mar se elevará hasta el año 2100 en cuatro a seis metros si no se reducen en forma rápida y duradera las emisiones de gases invernadero.

Una consecuencia ampliamente visible del calentamiento global es el retroceso acelerado de los glaciares alpinos... El derretimiento comenzó a mediados del siglo XIX, cuando los glaciares alpinos aún tenían un volumen de 200 km^3. En el año 2000 eran aún 75 y en 2005 solo 68 km^3. Tan solo entre 1985 y 2000 los glaciares alpinos perdieron un 20 % de su superficie y un cuarto de su volumen. En realidad, un derretimiento de esta magnitud se esperaba recién para 2025. La velocidad de la pérdida de superficie se duplicó de anualmente 1 % entre 1973 y 1985 a actualmente el 2 % por año."[64]

El cambio climático se desarrolla entonces a un ritmo no previsto y ya no puede negarse, también incluyendo los fenómenos

---

64 Ibídem, pág. 711 y sig.

meteorológicos La Niña (fenómeno meteorológico refrescante) y El Niño (fenómeno meteorológico de calentamiento).[65]

Klimawandel: Globale Durchschnittstemperatur

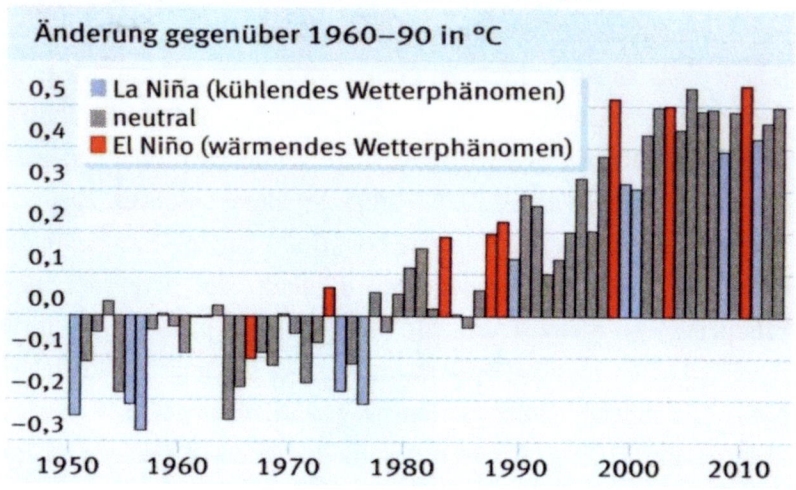

Fuente: OMM 2014

"Según datos de la Organización Meteorológica Mundial (OMM), el año 2013 (junto con 2007) fue el sexto año más cálido desde el comienzo de los registros en 1850. La temperatura de la superficie terrestre estuvo, en promedio, 0,5 °C por encima del promedio del período de referencia 1961-90 de 14,0 °C. Especialmente cálido estuvo en el hemisferio sur: para Australia se anotó el año 2013 el más cálido desde el comienzo de los registros, para la Argentina, el segundo más cálido.

---

65 Der neue Fischer Weltalmanach 2015, pág. 693, con ilustración

Desde comienzos del siglo XX el clima mundial se ha calentado en aprox. 0,75 °C, correspondiendo 13 de los 14 años más cálidos al siglo XXI. Cada una de las últimas tres décadas fue más cálida que la previa. La década 2001-10 fue la más cálida hasta ahora en todos los continentes, la temperatura fue 0,46 °C más alta que en el período de referencia 1960-90. De la reconstrucción del clima de épocas pasadas a partir de anillos de los árboles, corales, testigos de hielo y sedimentos surge que la temperatura promedio en el hemisferio norte, al menos en los últimos 1400 años, nunca fue tan elevada como hoy."[66]

Las causas del cambio climático pueden, entretanto, cuantificarse de manera muy precisa. "El 5° Informe de Evaluación del IPCC (Climate Change 2014) realizó un balance de las conclusiones de la investigación climática en todo el mundo con las palabras: «El calentamiento del sistema climático es claro, y los cambios desde los años de 1950 no tienen igual a lo largo de décadas y siglos. Se calentaron la atmósfera y los océanos, retrocedieron las capas de nieve y de hielo, aumentó el nivel del mar y se incrementó la concentración de los gases invernadero.» El responsable principal del calentamiento global es la **emisión de gases invernadero** acelerada en las últimas décadas por parte del hombre. Con una participación de alrededor de tres cuartos del total de las emisiones, el **dióxido de carbono** (CO_2) es el principal gas invernadero. Proviene mayoritariamente de la combustión de fuentes de energía fósiles y, en partes más reducidas, de la deforestación de los bosques que, con su crecimiento, capturan CO_2 del aire y actúan por esta razón como «sumidero de CO_2». Junto con los bosques, los océanos son los «sumideros» más importantes en el ciclo del CO_2. Su efectividad se incrementó de momento con las emisiones crecientes. Según cálculos

---

66 Ibídem, pág. 693 y sig.

de Global Carbon Project, entre 1958 y 2010 fue posible «amortiguar» de esta manera el 56 % de las emisiones de CO_2 provocadas por el hombre. No obstante, la capacidad tampón de los océanos y de los bosques disminuye últimamente. De una tonelada de CO_2 liberada en 2010, solo la mitad es absorbida directamente por los océanos (24 %) y la biosfera (26 %). El 50 % restante conduce a un aumento acelerado de la concentración de CO_2 en la atmósfera.

Otros gases invernadero son el metano (CH_4, ante todo de la ganadería, la extracción petrolífera y gasífera, así como del cultivo de arroz), el óxido de nitrógeno (gas hilarante, N_2O, ante todo de suelos sobreabonados) y gases fluorados. Entre estos se cuentan, entre otros, los hidrocarburos perfluorados (PFC) y el hexafluoruro de azufre (SF_6), que provienen mayoritariamente de procesos industriales, así como los hidrocarburos fluoroclorados (CFC) y los hidrocarburos parcialmente halogenados (HCFC), que se utilizan como refrigerantes y disolventes. La suma de todas las emisiones de gases invernadero se expresa en equivalentes de CO_2 (CO_2e).

El N_2O, el CFC y, en menor medida el HCFC, provocan además la reducción de la capa de ozono («agujero de ozono») en la estratósfera. Esta se encuentra encima de la tropósfera, la capa atmosférica inferior, en la que tiene lugar la actividad climática y meteorológica. En virtud del Convenio de las Naciones Unidas para la protección de la capa de ozono de 1987 (Protocolo de Montreal), la producción y el empleo de CFC y HCFC retroceden en todo el mundo; como consecuencia se evidencia una lenta recuperación de la capa de ozono.

Según el Informe del IPCC más reciente, las concentraciones de CO_2, metano y gas hilarante en la atmósfera superan entretanto, por mucho, las concentraciones máximas de los últimos 800.000 años, que se conocen a partir de testigos de hielo. El aumento durante el último siglo es más fuerte que nunca antes en los últimos 22.000 años. Y continúan aumentando: 1970-2000 en un 1,3 % anual, 2000-2010 en un 2,2 %. La suma de todas las emisiones antropogénicas de gases invernadero fue en 2000-2010 tan alta como nunca antes; en 2010 fueron de 49.000 millones de toneladas de CO_2e.

Alrededor de la mitad de las emisiones de CO_2 acumuladas mundialmente en 1750-2010 se produjeron en los últimos 40 años. En 1970 las emisiones de CO_2 acumuladas provenientes de la combustión de fuentes de energía fósiles, de la producción de cemento y de la quema de gases ascendieron según el IPCC a alrededor de 420 Gt; en 2010 eran de alrededor de 1300 Gt. Las emisiones de CO_2 acumuladas provenientes de la explotación forestal y de otro uso del suelo sin agricultura desde 1750 ascendieron de alrededor de 490 Gt en el año 1970 a alrededor de 680 Gt en el año 2010. También los efectos económicos de la crisis económica y financiera global de 2007/08 redujeron las emisiones solo por corto tiempo. La República Popular China es, desde hace años, el país con las máximas emisiones de CO_2, y continúan en aumento."[67]

---

67 Ibídem, pág. 694 y sig., con ilustración

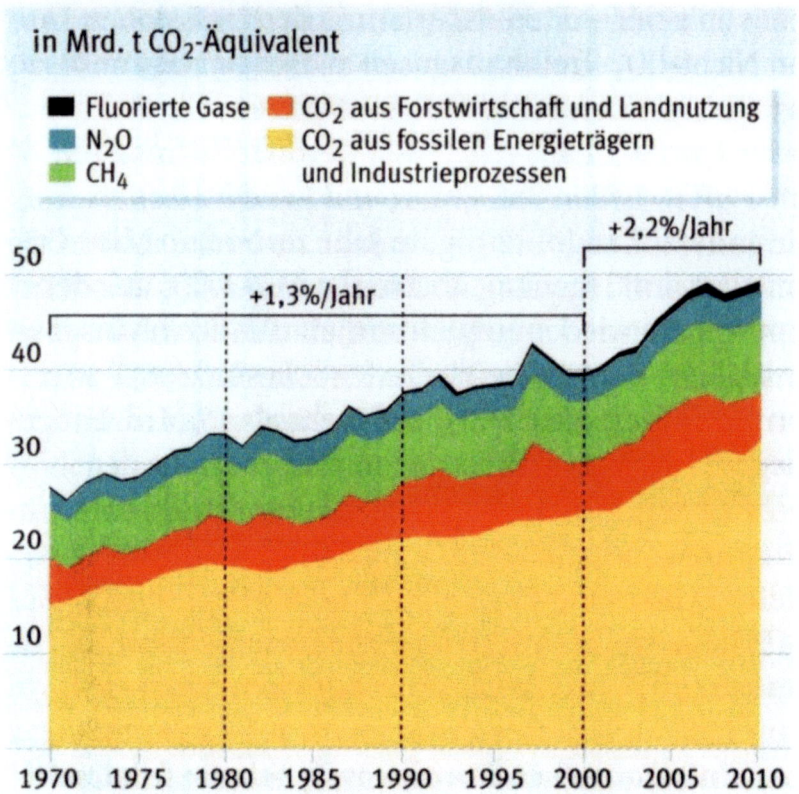

Treibhausgasemissionen 1970–2010

in Mrd. t CO_2-Äquivalent

■ Fluorierte Gase ■ CO_2 aus Forstwirtschaft und Landnutzung
■ N_2O ■ CO_2 aus fossilen Energieträgern
■ CH_4 und Industrieprozessen

+2,2%/Jahr

+1,3%/Jahr

50

40

30

20

10

1970 1975 1980 1985 1990 1995 2000 2005 2010

Fuente: IPCC 2014

En vista de este desarrollo y como reacción a la catástrofe de Fukushima, el Bundestag alemán dispuso en el año 2011 un amplio paquete de leyes para la transición energética. "El paquete comprende el abandono completo de la energía nuclear hasta 2022, la ampliación acelerada de las energías renovables, la ampliación de redes eléctricas y capacidades de almacenamiento, un ahorro más fuerte de la energía para calefacción en el ámbito de los edificios y el ingreso a la electromovilidad."[68]

Deutschland: Klimaschutzziele

Gruppe	Ziel (Bezugsjahr 1990)			
	2020	2030	2040	2050
Treibhausgasemissionen	-40%	-55%	-70%	-80 bis -95%
Erneuerbare Energien: Anteil am Bruttoendenergieverbrauch	18%	30%	45%	60%
Erneuerbare Energien: Anteil an der Stromerzeugung	35%	50%	65%	80%
Primärenergieverbrauch (gegenüber 2008)	-20%			-50%
Stromverbrauch (gegenüber 2008)	-10%			-25%
Endenergieverbrauch im Verkehr (gegenüber 2005)	-10%			-40%

Fuente: Ministerio Federal de Economía y Tecnología/Ministerio Federal de Medio Ambiente 2011

---

68 Ibídem, pág. 700, con ilustración

El 3 de agosto de 2015 Deutschlandfunk publicó el siguiente titular: **"El presidente estadounidense Obama quiere reducir la emisión de CO_2 de las centrales energéticas en Estados Unidos con objetivos vinculantes."** A continuación se precisaron los detalles:

"Él presentó en la Casa Blanca en Washington un plan de protección climática para reducir en un tercio las emisiones hasta el año 2030 en comparación con 2005. Obama recalcó que el cambio climático es la mayor amenaza para el futuro de la humanidad, y esta tiene una sola casa y un solo planeta.

La Agencia de Protección Ambiental EPA había presentado un año atrás las características fundamentales de la medida. La jefa de la EPA McCarthy calificó como "razonable" y "alcanzable" el objetivo al que se aspira en la actualidad. Según datos de la Casa Blanca, quedan afectadas alrededor de 1.000 centrales energéticas en Estados Unidos, entre ellas, 600 centrales térmicas de carbón.

La ministra federal de Medio Ambiente Hendricks declaró que celebra que Estados Unidos enfrente el desafío del cambio climático. El nuevo plan es una señal importante para la Conferencia del Clima a fin de año en París."[69]

Según Deutschlandfunk, al día siguiente Obama solicitó ante la ONU esfuerzos más intensos.

Titular: **"El presidente estadounidense Obama solicitó ante el secretario general de la ONU Ban Ki Moon esfuerzos más intensos a favor de la protección climática."**

---

69   http://www.deutschlandfunk.de/programmvorschau.281.de.html? drbm:date=03.08.2015

El presidente estadounidense Obama con Ban Ki Moon en el Salón Oval de la Casa Blanca (picture alliance/dpa/EPA/Dennis Brack/POOL)

Detalles: "Las Naciones Unidas podrían contribuir en la lucha contra el cambio climático, dijo Obama tras el diálogo en la Casa Blanca. La ONU debería elevar la presión sobre otros Estados para emprender también esfuerzos a favor de la reducción de emisiones nocivas. Días atrás, el presidente estadounidense había presentado un plan según el cual las centrales energéticas americanas debían disminuir su emisión de gases invernadero hasta 2030 en casi un tercio. Ban celebró la iniciativa de Obama. La actual es la última generación que puede abordar el fenómeno del cambio climático.

Varios aspirantes a la candidatura presidencial entre los republicanos criticaron los planes y advirtieron acerca de la pérdida de puestos de trabajo, como así también de los costos crecientes de la electricidad."[70]

---

70 http://www.deutschlandfunk.de/programmvorschau.281.de.html?
drbm:date=04.08.2015, con ilustración

El semanario "DIE ZEIT", en su edición N° 32 del 6 de agosto de 2015, en la página 23, hace referencia al mismo tema: "**Salvar el mundo rápidamente en conjunto**".

Subtítulo: "El presidente Barack Obama y Xi Jinping fijan para sus países auténticos objetivos climáticos. Una oportunidad única", por Claus Hecking. Aquí se presenta que los objetivos climáticos de Estados Unidos y China no son tan ambiciosos como parecen. Para la generación de electricidad, Estados Unidos quemó, gracias a su yacimiento de gas de lutita, "gas natural barato en lugar de carbón... La emisión de CO_2 por kilovatio-hora es entonces solo la mitad de alta. En 2008, las centrales térmicas de carbón generaron aún casi la mitad de la electricidad estadounidense; este año solo será una tercera parte. Obama sabiamente no eligió como año de referencia para sus objetivos climáticos el año 2015, sino el 2005. Desde ese momento, el sector energético ha reducido sus emisiones de CO_2 en aproximadamente 16 %. En consecuencia, la mitad ya está cumplida. También la promesa de Pekín de que China reducirá la emisión de CO_2 después de 2030 suena más ambiciosa de lo que realmente es. El consumo nacional de carbón ya descendió el año pasado en casi el tres por ciento, a pesar de que la demanda energética total subió un buen dos por ciento. Dado que China reemplaza en gran escala las antiguas centrales térmicas de carbón por reactores más eficientes y construye parques eólicos y solares gigantes, las emisiones de CO_2 ya deberían caer desde 2014."[71]

---

71 Hecking, Claus: Gemeinsam schnell die Welt retten (Salvar el mundo rápidamente en conjunto), en: DIE ZEIT N° 32, 2015, Hamburgo 6.8.2015, pág. 23

5. Perspectivas para el futuro

Desde comienzos del siglo XXI se acumulan los fenómenos meteorológicos llamativos, parcialmente catastróficos, que provocan pérdidas de cosechas, daños por tempestades, catástrofes por inundaciones y períodos de sequía. Esto lo notan también las personas no directamente afectadas, ya que sus seguros se encarecen.

Este desarrollo aparece en forma sumamente llamativa en las aseguradoras de los seguros, las reaseguradoras como Munich Re, reaseguradora de Múnich, ya que allí se suman en conjunto los daños asegurados. No es de asombrar, entonces, que estos institutos se alíen con políticos y empresas industriales con el fin de buscar soluciones a la problemática del clima.

Llamó la atención, entonces, un desarrollo que se destaca alrededor del mar Mediterráneo y especialmente en las zonas desérticas: el desarrollo del concepto DESERTEC (2003 a 2007).

"El concepto DESERTEC fue desarrollado por una red internacional de políticos, científicos y economistas. De esta red Trans-Mediterranean Renewable Energy Cooperation (abreviada: TREC) nació posteriormente la DESERTEC Foundation. El físico Dr. Gerhard Knies y el príncipe Hassan bin Talal de Jordania, entonces presidente del Club de Roma, fueron las fuerzas impulsoras detrás de la creación y construcción de la red.

En el desarrollo del concepto DESERTEC participaron de manera determinante las organizaciones de investigación de energías renovables de los gobiernos de Marruecos (CDER), Argelia (NEAL), Libia (CSES), Egipto (NREA), Jordania (NERC) y Yemen (universidades Sana'a y Aden), así como el Centro Aeroespacial Alemán (DLR). Los estudios fundamentales sobre el tema DESERTEC fueron dirigidos por el investigador del DLR Dr. Franz Trieb. Los estudios fueron financiados por el Ministerio de Medio Ambiente alemán (BMU), conducido por aquel entonces por el ministro federal Jürgen Trittin y posteriormente por Sigmar Gabriel."[72]

El concepto DESERTEC prevé generar energía limpia en el desierto y su transporte a los centros de consumo distantes hasta 3.000 kilómetros.

"Los desiertos de la Tierra reciben en 6 horas más energía del sol que lo que consume la humanidad en un año. El concepto DESERTEC es un símbolo de la producción de grandes dimensiones de energía solar y eólica en las regiones desérticas de la Tierra, combinada con un inteligente mix de energías formado por fotovoltaica, energía hidroeléctrica, biomasa y geotermia. A través del uso de estas energías renovables en una red transnacional puede generarse suficiente electricidad limpia para abastecer a toda la humanidad."[73]

Las tecnologías necesarias a tal fin ya están disponibles y se emplean comercialmente en todo el mundo.

"DESERTEC es de tecnología neutra. El concepto DESERTEC integra **todos los tipos de energías renovables** en una superred transnacional. No obstante, una tecnología importante en el concepto DESERTEC es la energía termosolar. Como fuente de energía controlable, está en condiciones de compensar oscilaciones del viento y la fotovoltaica."[74]

---

72 http://www.desertec.org/de/globale-mission/meilensteine/
73 http://www.desertec.org/de/konzept/
74 Ibídem

Ejemplos del empleo de estas tecnologías "son la central de energía termosolar Andasol, en Andalucía (España), y el parque solar en el desierto de Mojave, en California (EUA).

En la generación eléctrica termosolar se concentra la energía solar por medio de espejos para calentar agua. Con el vapor que se forma se impulsa una turbina eléctrica convencional. Dado que, contrariamente a la electricidad, grandes cantidades de energía térmica pueden almacenarse de manera técnicamente sencilla y con poca pérdida, estas centrales pueden suministrar electricidad según las necesidades, inclusive después de la puesta del sol. La red estabiliza una gran parte de la energía limpia y controlable en el mix de energías y permite un uso más eficiente de las fuentes de energía fluctuantes como el viento y la fotovoltaica.

En las regiones con una constante radiación solar alta pueden utilizarse las centrales de energía termosolar de manera especialmente eficiente. Por esta razón, las regiones desérticas son localizaciones de producción excelentemente aptas."[75]

---

75 Ibídem, con ilustraciones en la página siguiente

| Canal parabólico | Colector Fresnel |

Torre solar

"La electricidad limpia de los desiertos puede transportarse por medio de líneas de corriente continua de alta tensión a lo largo de grandes distancias. Teóricamente, podría suministrarse electricidad limpia del desierto al 90 % de la humanidad, dado que vive en el entorno de 3.000 km de un desierto. Con tan solo el 3 % por 1.000

kilómetros, la tasa de pérdida es relativamente baja; las ventajas de la localización de centrales solares en desiertos compensan con creces estas pérdidas de la línea.

Especialmente China tiene experiencia en el uso de líneas de transmisión de corriente continua de alta tensión (HVDC), como se muestra en el ejemplo de la línea HVDC de 1.418 km de extensión entre Yunnan y Guandong."[76]

En el año 2008 se inició el plan solar de la Unión por el Mediterráneo (UPM). El plan solar del mar Mediterráneo se fijó como objetivo llevar a cabo hasta el año 2020 la creación de proyectos de energía renovable con un total de 20 gigavatios.

El 20 de enero de 2009 se creó la DESERTEC Foundation como fundación de utilidad pública "para impulsar mundialmente la realización del concepto global DESERTEC 'Electricidad limpia de los desiertos'. Los creadores de la fundación DESERTEC Foundation son Deutsche Gesellschaft Club of Rome e.V., miembros de la red de científicos TREC, así como promotores privados comprometidos y patrocinadores de muchos años de la idea DESERTEC."[77]

Empresas económicas analizaron de 2009 a 2014 la rentabilidad y factibilidad de realización de la visión DESERTEC con resultado positivo. La empresa consultora Dii GmbH, creada para este fin en un principio por tres años, resaltó ya en 2012 la factibilidad económica de realización y "las ventajas claras de una interconexión eléctrica de la región EUMENA. Con el informe "Getting Started", confirma en 2013 definitivamente tanto el atractivo económico como también la posibilidad de realización. Ya hoy estarían dadas las condiciones técnicas y económico-energéticas para generar

---

76 Ibídem
77 http://www.desertec.org/de/globale-mission/meilensteine/

electricidad a partir de energía renovable en condiciones competitivas, y el transporte, tanto dentro de la región MENA como también entre EU-MENA, ya hoy es económicamente atractivo. De esta manera, las grandes centrales CSP, eólicas y fotovoltaicas podrían generar electricidad a costos mucho más bajos que las centrales que funcionan con petróleo. La región del mar Mediterráneo deberá comprenderse a largo plazo, desde la perspectiva de la política energética, como centro y no como límite. En recomendaciones de acción claras se describe cómo podría posibilitarse, desde la óptica de la industria, la ampliación de las energías renovables en toda la región EUMENA. Una vez cumplida su misión, Dii GmbH será operada desde 2015 por tres compañías como empresa consultora."[78]

También en el Mar del Norte continúa desarrollándose nuevamente la energía eólica. Con el titular **"El sector offshore infunde nuevas esperanzas"** y el subtítulo "Después de años de la crisis, se perfila un cambio: Siemens invierte millones – ABB pone en funcionamiento una interconexión en red", Ralf E. Krüger y Christine Schultze describen en un artículo del diario Rhein-Neckar-Zeitung del 8/9 de agosto de 2015 un desarrollo muy prometedor del sector de la energía eólica en el Mar del Norte.[79]

La compañía eléctrica Siemens construye en Cuxhaven una nueva planta para turbinas eólicas offshore.

"Solo en el primer semestre se pusieron en servicio 422 centrales de energía eólica offshore con una potencia de 1.765,3 megavatios (MW), según calcula Deutsche Windguard. Con ello, a fin de junio

---

78 Ibídem
79 Krüger, Ralf E., Schultze, Christine: Offshore-Branche schöpft wieder Hoffnung (El sector offshore infunde nuevas esperanzas), en Rhein-Neckar-Zeitung Nº 181 del 8/9 de agosto de 2015, pág. 22

entretanto 668 centrales con una potencia de 2.777,8 MW ya alimentaron electricidad en el mar. Europa es, por lejos, el mayor mercado offshore del mundo con unos buenos 8.000 megavatios de potencia instalada.

Esta semana también fue puesta en servicio la interconexión en red offshore Dolwin 1, construida por ABB y entregada al operador de la red de transmisión germano-neerlandés Tennet. La central de corriente continua de 800 megavatios conecta parques eólicos offshore en el clúster Dolwin, ubicado alrededor de 75 kilómetros frente a la costa alemana, a la red de transmisión del país."[80]

Dolwin 1 se denomina la interconexión construida por ABB que lleva a tierra la electricidad de actualmente unos 160 aerogeneradores offshore. Foto ABB

---

80 Ibídem, con ilustración

En los años 2009 a 2013, la política trató con bastante desprecio las condiciones marco para el desarrollo de la energía eólica. Entretanto esto ha cambiado. En consecuencia, la nueva localización es para Siemens un paso importante hacia la producción de costos más convenientes.

"Si bien hasta el presente los costos para la construcción del parque eólico continúan siendo elevados, los muniqueses trabajan en la industrialización del negocio… También deberá contribuir a ello una mejor logística. Gracias a la instalación portuaria bien desarrollada en Cuxhaven, componentes pesados podrían cargarse directamente en barcos de transporte."[81]

En el curso de la ampliación del parque eólico y de las centrales fotovoltaicas fue cada vez más claro que con frecuencia se genera demasiada electricidad cuando el viento sopla con fuerza o brilla el sol y que, por otro lado, se producen condiciones meteorológicas de alta presión con períodos de calma. Por la noche se interrumpe la electricidad de las centrales fotovoltaicas. Aquí son necesarios sistemas de almacenamiento que puedan ayudar en caso de falta de electricidad y suministrar la electricidad almacenada.

Los sistemas de almacenamiento más conocidos son los consagrados reservorios que, en caso de excedente de electricidad, se llenan con agua del valle y en tiempos de falta de electricidad se vacían, al tiempo que impulsan turbinas para la generación de electricidad. Pero la capacidad de estos reservorios dista mucho de ser suficiente.

Otra posibilidad para el almacenamiento de electricidad la ofrecen los acumuladores que, sin embargo, son excesivamente caros para capacidades masivas. La electrólisis ofrece una tercera posibilidad para almacenar el excedente de electricidad. Con su ayuda se

81 Ibídem

descompone el agua en sus componentes hidrógeno y oxígeno. Los gases se almacenan ahora en tanques adecuados y, en caso de falta de electricidad, se unen formando agua en celdas de combustible, mientras producen la energía de combustión en forma de corriente eléctrica. Esta técnica está probada y actualmente se perfecciona para el empleo a escala industrial.

En un artículo del semanario DIE ZEIT, Nº 18, del 29 de abril de 2015, en página 31, Katja Scherer describe el estado del desarrollo.[82]

Bajo el título **"Entrar al tubo"** con el subtítulo "Cuando el sol brilla y el viento sopla se produce demasiada electricidad, de lo contrario demasiado poca. Podría ayudar la red de gas si se la transforma en un almacenador", dice a modo de resumen: "En 2050 posiblemente deban almacenarse **50** teravatios-hora de electricidad a partir de energías renovables, tres veces más que en 2020. La red de gas podría ser de ayuda en esto."[83]

Un contenedor en la zona industrial de Fráncfort del Meno contiene una instalación de prueba de esta tecnología de electrólisis. El corazón es el electrolizador PEM, una membrana de intercambio de protones. "Esta permite obtener hidrógeno a partir de agua con ayuda de la electricidad, es decir, transformar energía eléctrica en energía químicamente ligada. El gas de hidrógeno se convierte en una especie de almacenador de electricidad. Este procedimiento se denomina Power-to-Gas."[84]

Con ello es posible almacenar también grandes cantidades de energía renovable excedente. "Según cálculos de Thüga, la necesidad de

---

82 Scherer, Katja: Rein ins Rohr (Entrar al tubo), en: DIE ZEIT Nº 18, Hamburgo 2015, pág. 31
83 Ibídem
84 Ibídem

almacenamiento de energías renovables estará en el año 2020 en 17 teravatios-hora y crecerá hasta 2050 a alrededor de 50 teravatios-hora. Para que la transición energética pueda funcionar, Alemania necesita a largo plazo procedimientos para almacenar la electricidad generada a partir de fuentes regenerativas. La red de gas existente de los proveedores deberá proporcionar una solución: según Thüga, su capacidad de almacenamiento anual es cuatro veces tan grande como la necesidad de 2050. Con la ayuda de Power-to-Gas podría absorber como una esponja aquella energía que, de lo contrario, se escurriría sin uso, y volver a entregarla cuando en la red eléctrica otra vez haya poco de esta."[85]

Para la alimentación en la red de gas natural de Fráncfort "existen, sin embargo, condiciones estrictas: la participación de hidrógeno en la red de gas no debe ser superior al dos por ciento, según el legislador. De este modo se busca evitar que en algún lugar en Fráncfort explote repentinamente una estación de servicio de gas natural, ya que el hidrógeno es considerado altamente inflamable.

Otra posibilidad para utilizar el procedimiento Power-to-Gas es, entonces, la transformación del hidrógeno en metano. Este tiene propiedades químicas similares al gas natural convencional y, en consecuencia, puede alimentarse en forma ilimitada a la red de gas."[86]

"Con el metano obtenido a partir de la energía renovable podrían abastecerse también autos a gas natural… La prueba práctica ya está en marcha: el fabricante de autos Audi opera desde 2013 una instalación piloto en el municipio de Werlte, en Baja Sajonia."[87]

---

85 Ibídem
86 Ibídem
87 Ibídem, con ilustración

Gas a partir de electricidad: esta es la idea de la nueva técnica. Aquí una instalación de demostración en el terreno de la empresa Mainova AG, en Fráncfort.

Conceptos de accionamiento alternativos utilizan la reconversión del hidrógeno en energía de accionamiento, pero con un grado de eficacia mucho mayor, por ejemplo, el auto de celda de combustible de Toyota que funciona en forma puramente eléctrica, que está disponible a partir de septiembre de este año (2015). No obstante, para los clientes particulares existen demasiado pocas estaciones de servicio de hidrógeno, de manera que más bien entran en consideración como clientes las empresas de taxis y las compañías de servicios municipales. A gran escala, evidentemente la técnica de celdas de combustible aún es demasiado cara.

En los Emiratos Árabes Unidos ya se ha llegado a un desarrollo más amplio de una ecociudad. Masdar-City es un proyecto de construcción urbana en el emirato Abu Dhabi, que comenzó en el año 2008.[88]

La ciudad, que se encuentra en construcción, deberá ser abastecida completamente con energía renovable. Las plantas desalinizadoras de agua deberán manejarse con energía solar. Todo el consumo de energía de la ciudad deberá ser equivalente solo a la cuarta parte del consumo per cápita habitual en el país. El suministro de energía en su totalidad deberá estar libre de la generación de dióxido de carbono.

"Masdar se construye a unos 30 kilómetros al este de la capital Abu Dhabi, lindante al oeste con el aeropuerto internacional de Abu Dhabi. El ambicioso proyecto sobre una superficie de seis kilómetros cuadrados está concebido para 47.500 habitantes y alrededor de 1.500 empresas e institutos del sector ecológico, y ningún punto del área urbana estará a una distancia mayor de 200 metros de una parada de los medios de transporte públicos. La iniciativa está dirigida por Abu Dhabi Future Energy Company (ADFEC) y el jeque Muhammad bin Zayid Al Nahyan. Iniciado en el año 2006, el proyecto fue planificado para una primera ocupación en 2016… Sin embargo, en la primavera de 2010 se informó en diversos medios acerca de demoras y problemas financieros. Los trabajos de construcción perdieron ritmo y determinación, como nueva fecha de finalización del proyecto total se menciona ahora el año 2025."[89]

Masdar albergará también una nueva universidad, la primera universidad en todo el mundo "que se dedica exclusivamente al complejo de la sustentabilidad ecológica sobre la base de las energías

---

88 http://masdar.ae/
89 https://de.wikipedia.org/wiki/Masdar

renovables. Desde 2009 se adquieren ya las primeras instalaciones de la universidad, un tercio de los estudiantes vivirá en el área de Masdar y, en el marco de sus programas de estudio, estará incluido en la planificación urbana y la ejecución de la obra. Se calcula también que las empresas y sus institutos establecidos en y alrededor de Masdar acumulen novedosas experiencias con el correr de los proyectos constructivos, especialmente que deban aplicar procesos tecnológicos especiales o que generen un nuevo conocimiento ecológico útil que puedan comercializar en el creciente mercado mundial para sistemas sustentables."[90]

El suministro de energía estará asegurado mediante una central solar propia y un parque eólico. En Masdar ya no habrá vehículos de combustible fósil, estos deberán estacionar frente a la ciudad. El transporte de personas se realiza desde allí con medios de transporte públicos accionados eléctricamente.

"El transporte sin inconvenientes en la ciudad modelo está planificado con diversos medios de transporte públicos adecuados entre sí, asignados respectivamente a un nivel. En el subsuelo de Masdar y en otros dos barrios de Abu Dhabi se instalan las denominadas redes PRT de transporte rápido de personas (Personal-Rapid-Transit), de la empresa neerlandesa 2getthere. Se trata aquí de un transporte individual motorizado eléctricamente en el que el usuario llega a su destino determinado por sí mismo, sin esperar, en una cabina automatizada... Desde agosto de 2011 se prueba el sistema con diez cabinas debajo de Masdar City, también está programado el empleo para el transporte especial de cargas. Se asciende a las cabinas o se las carga en estaciones aseguradas con puertas divisorias, y se mueven en la plataforma de tránsito mediante barreras guía al nivel del suelo con hasta 40 km/h.

90 Ibídem

De este modo, Masdar será la primera ciudad en todo el mundo que implemente una red PRT para una ciudad libre de autos. En las calles (a nivel del suelo), el "Podium Level", no están permitidos automóviles. Están previstas solo para peatones y ciclistas. En un nivel más alto está planificado un tren elevado (*Light Rail Transit*, LRT), que comunica a Masdar con otros barrios y con el aeropuerto. Además, debajo del nivel del PRT está planificado también un tren regional."[91]

Estación para vehículos de cabina sin conductor

"Según los primeros planes, Masdar City debía estar terminada en 2016; sin embargo, desde enero de 2010 se sabe que la terminación total se demorará como mínimo hasta 2025, solo el proyecto parcial Masdar-núcleo urbano deberá estar en condiciones de trabajo en 2016. El motivo oficialmente indicado es la consideración de otras nuevas tecnologías. Desde mayo de 2009 se está trabajando en los cimientos del cuartel general de la ciudad ecológica, el Instituto de la Universidad Técnica de Masdar se inauguró para el semestre 2010/2011 con 170 estudiantes posgraduados cuidadosamente seleccionados. Por lo demás, debido a la crisis financiera, casi no hay

91 Ibídem, con ilustración

avances de obra. De tal modo, las órdenes para la construcción de viviendas y oficinas todavía no han sido adjudicadas. Del entorno del proyecto se oye que la parte urbanística más importante del proyecto se encuentra pendiente.

Como obstáculo principal aparece la falta de seguridad de planificación como consecuencia de la conducción autocrática del país. Los acuerdos pueden ser revocados en todo momento por la familia gobernante del emir."[92]

En el libro que vale la pena leer "GUTE AUSSICHTEN FÜR MORGEN" ("BUENAS PERSPECTIVAS PARA EL MAÑANA") de Sven Plöger, con el subtítulo "Cómo podemos aprovechar el cambio climático para nosotros"[93], todavía no se discute esta problemática. No obstante, el desarrollo entretanto continúa:

"La **Agencia Internacional de las Energías Renovables** (en inglés: *International Renewable Energy Agency*; abreviado: **IRENA**) es una organización gubernamental internacional cuyo objetivo radica en fomentar el uso amplio y sustentable de las energías renovables en todo el mundo. Su sede principal estará en el futuro en la ciudad ecológica Masdar City, en los Emiratos Árabes Unidos.

A enero de 2015, son miembros de IRENA 138 países y la Unión Europea. Además, 35 países solicitaron su afiliación... El estatuto de la organización entró en vigencia el 8 de julio de 2010 y, por ende, 30 días después de la 25° ratificación exitosa (Art. XIX lit. D del Estatuto...).

Desde el 3 de abril de 2011, el director general de IRENA es el

---

92 Ibídem
93 Plöger, Sven: GUTE AUSSICHTEN FÜR MORGEN (BUENAS PERSPECTIVAS PARA EL MAÑANA), Fráncfort del Meno y Múnich, 2ª edición 2010, pág. 295 y sig.

keniano Adnan Z. Amin... Amin se desempeñó previamente durante algunos meses como director interino, después de que su antecesora Hélène Pelosse, tras ni siquiera un año y medio en el cargo, sorpresivamente renunció…

Junto con la AIE, le corresponde a IRENA una importancia relevante sobre cuestiones energéticas en general, así como sobre temas relativos a las energías renovables en particular."[94]

---

94 https://de.wikipedia.org/wiki/Internationale_Organisation_für_erneuerbare
    _Energien

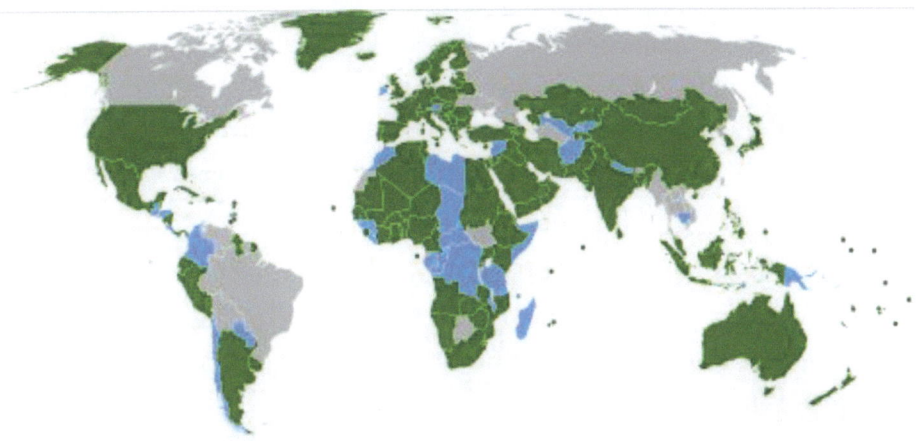

Azul: países que suscribieron el acuerdo de la Agencia Internacional de las Energías Renovables.
Verde: países que suscribieron y ratificaron el acuerdo; estado: 17 de enero de 2015.

"IRENA fue creada en Bonn el 26 de enero de 2009 con la firma del Estatuto por parte de 75 Estados... En el primer encuentro de la Comisión Preparatoria (Preparatory Commission), el órgano provisional que representará a IRENA hasta la 25ª ratificación del Estatuto, los Estados signatarios acordaron las reglas y el procedimiento de elección del director general provisional y de la sede de IRENA. Más allá de ello, se convocó a los miembros a presentar hasta el 30 de abril de 2009 las nominaciones y postulaciones para la sede y para el director general. En el segundo encuentro de la Comisión Preparatoria el 29 y 30 de junio de 2009 en Egipto (Sharm El Sheikh) se decidió en conjunto acerca de la sede y del director general; después de eso la sede de IRENA estará en Abu Dhabi, en Bonn se instalará la sede de un centro de innovación y tecnología, mientras que en Viena se crea una oficina de enlace y contacto con las Naciones Unidas en el ámbito de la energía y con otras instituciones internacionales. Hasta entonces se crearon un comité de sede, de director general y de administración que deben preparar el contenido del segundo encuentro. Otros puntos en la agenda para Egipto incluyen la aprobación de un programa de trabajo, del presupuesto y de un ordenamiento financiero y de personal de IRENA, que tendrán validez para la etapa de transición en los años 2009 y 2010.

Tres años después de la fundación, la organización se desarrolló velozmente también debido al rápido aumento de los miembros. En diversos análisis y papeles IRENA ha reunido material completo de datos sobre la ampliación mundial de las energías renovables. Además del panorama sobre la situación de los costos de las energías renovables en 2012 es relevante, ante todo, el Atlas Global, que será completado y ampliado en los próximos años. Este provee informaciones para inversores sobre potenciales de las energías renovables en distintos países. También se dispone ya de una estrategia sobre el tema *Capacity Building*, es decir, transmisión de información, educación y formación sobre energías renovables."[95]

En consecuencia, la política está obligada a evitar un calentamiento demasiado fuerte de la Tierra. Esto también lo dejó en claro la última cumbre del G7, que tuvo lugar en el castillo de Elmau en el barrio Krün, en Garmisch-Partenkirchen.

El 7 y 8 de junio de 2015 se reunieron aquí los jefes de gobierno de Estados Unidos, Japón, Canadá y de los cuatro países europeos Francia, Gran Bretaña, Alemania e Italia, para deliberar sobre los problemas más acuciantes del acontecer mundial.

---

95 Ibídem, con ilustración

El semanario DIE ZEIT escribe al respecto en su comentario del 8 de junio de 2015 a las 20.26 bajo el titular "**Cumbre de Elmau – Los G7 solos no pueden arreglarlo**"[96], en el subtítulo:

"Los conductores de los siete grandes países industrializados realizan en Elmau muchos acuerdos, en parte vagos. No obstante, solo pueden cumplirlos con otros. Un comentario de Carsten Luther. Castillo de Elmau."[97]

Los participantes del G7 con la guía de senderismo Angela Merkel, en el centro, durante la marcha a través de la pradera de flores frente al castillo de Elmau © Christian Hartmann/Reuters

---

96   http://www.zeit.de/politik/deutschland/2015-06/g7-ergebnisse-kommentar
97   Ibídem, con ilustración

"Otros foros, en los que están representados China, países emergentes y precisamente también Rusia, nuevamente excluida en Elmau, superaron hace tiempo al club de los siete. ¿Cómo reaccionar al cambio climático, cómo impulsar y financiar los objetivos de desarrollo de las Naciones Unidas, cómo posibilitar en Ucrania, en Siria o en el Cercano Oriente pasos en dirección a la paz y contener el terrorismo? ¿Cómo asegurar el crecimiento sostenible que no perjudique al hombre y al medioambiente? Casi todos los problemas frente a los que se encuentra el mundo fueron tratados en esta cumbre, sobre todos habrá que continuar hablando, con otros, si se quiere cambiar algo. Ya que reacciones más concretas respecto a los desafíos globales que las de este encuentro feliz en Elmau pueden esperarse, entretanto, más bien en el marco del G20 y de otras rondas de conversaciones."[98]

"Por ejemplo en el cambio climático: no es precisamente mucho si los conductores de los Estados del G7 tan solo reafirman querer limitar el calentamiento global en dos grados en comparación con la era preindustrial y si aspiran a renunciar totalmente "en el curso del siglo" a las fuentes de energía fósiles. Es simplemente una etapa, el denominador común más pequeño. Un empujoncito para la Conferencia del Clima de las Naciones Unidas en París, en diciembre…

Puede comenzarse ya antes si los siete prometen dinero: por ejemplo mediante el apoyo para llenar el milmillonario fondo de protección climática para los países en vías de desarrollo ya planificado previamente, pero también con ello puede trabajarse recién cuando verdaderamente esté financiado…

---

98 Ibídem

A pesar de ello, este formato no es un anacronismo en una época, dado que todos los problemas son globales. La ronda que se reunió en Elmau no es por sí sola un círculo determinante del orden mundial, pero sigue teniendo peso. Si quiere. En conjunto pueden impulsar dentro de los pesados mecanismos del G20 o de las Naciones Unidas aquello sobre lo que se pusieron de acuerdo los siete aquí en el diálogo de camaradería, pueden realizar un trabajo de convencimiento, ser precursores en muchas cuestiones."[99]

Evidentemente, la protección del clima ya no es un eslogan, sino que ocupa en forma creciente a la población mundial a causa de los caprichos meteorológicos y las catástrofes medioambientales cada vez más intensos. Las consecuencias del cambio climático están, entretanto, bien documentadas. "En virtud del prolongado tiempo de permanencia de los gases invernadero en la atmósfera (CH_4: 12 años, CO_2: 120, SF_6: 3200), en las próximas décadas el clima continuará calentándose. La intensidad del aumento de la temperatura y consiguientemente de las consecuencias climáticas vinculadas con este dependerá de si las emisiones pueden ser reducidas por el hombre y en qué medida. Para su más reciente Informe de Situación publicado en 2013, el IPCC calculó cuatro escenarios con diferente evolución de las concentraciones de gases invernadero. Según el escenario, el calentamiento en el siglo XXI será, en el mejor de los casos, de 0,8 °C y en el peor de los casos, de hasta 4,8 °C.

Este calentamiento global lleva a un **aumento del nivel del mar**: según el último Informe del IPCC 1901-2010 en promedio de 1,7 mm/año, 1993-2010 de 3,2 mm/año. En el curso del siglo XXI podría elevarse el nivel del mar, según el escenario, entre 26 y 82 cm, siendo responsable del aumento en un 30-55 % la amplitud térmica de los océanos, del resto, el derretimiento de los glaciares.

---

99 Ibídem

El **hielo en los polos** retrocedió en los últimos años de manera inesperadamente rápida. Según el Informe más reciente del IPCC, el casquete glaciar de Groenlandia perdió en 1992-2001 anualmente 34.000 millones de toneladas, en 2002-2011 anualmente 215.000 millones de toneladas. La cubierta de la banquisa del Ártico alcanzó en 2012 su récord negativo. En 2013, por primera vez desde el comienzo de las mediciones satelitales, retrocedió el límite de la banquisa compacta (más del 90 % de cubierta de hielo) al norte de los archipiélagos rusos Tierra de Francisco José y Tierra del Norte hasta detrás del grado de latitud 88. También en el verano de 2014 el derretimiento del hielo estuvo por encima del promedio de los años 1981-2010. Además, la nieve y el hielo eran más oscuros que en 2013, lo que acelera aún más el derretimiento, ya que la banquisa refleja según la cubierta de nieve 60-90 % de la luz solar (efecto albedo), mientras que las superficies de nieve y hielo oscuras la absorben en un 90 %. Por este motivo se calienta el agua del mar. Esto no solo fomenta el derretimiento ulterior del hielo sino también la liberación del gas invernadero metano de los sedimentos marinos. Los investigadores climáticos designan a tales efectos retroalimentación positiva.

En la Antártida se quintuplicó el derretimiento del hielo de anualmente 30.000 millones de toneladas (1992-2001) a 147.000 millones de toneladas por año en el período 2002-2011. En la primavera de 2014, el casquete glaciar occidental de la Antártida alcanzó un **«punto de inflexión»** (*tipping point*) decisivo: el derretimiento provocó una desestabilización que acelera el posterior derretimiento y hace irreversible la destrucción del casquete glaciar – tal el resultado de varios estudios científicos–.

También el **derretimiento de los glaciares montañosos** se aceleró en los últimos años. Según el más reciente Informe del IPCC, en

1971-2009 perdieron en promedio 226.000 millones de toneladas de hielo por año, en 1993-2009 la pérdida aumentó a 275.000 millones de toneladas por año. A largo plazo puede producirse escasez de agua debido a la falta de glaciares en los valles montañosos. A diferencia de lo que ocurre en Europa central o en Norteamérica con sus precipitaciones estivales, esto repercutirá hasta bien adentro de las llanuras en regiones secas de Asia, cuyos ríos se alimentan en verano casi exclusivamente del agua del derretimiento de glaciares, p. ej. en la actual cuenca hidrográfica de los glaciares de la cordillera del Pamir.

Dado que una atmósfera más cálida absorbe más humedad y en total contiene más energía, los investigadores climáticos esperan un **aumento de los fenómenos meteorológicos extremos**. En el hemisferio norte actúa evidentemente también un segundo efecto. El cambio climático influye asimismo sobre el *jet stream*, a lo largo del cual se mueven las corrientes de aire globales en las latitudes medias. Según la ubicación, absorbe aire tropical hacia el norte o ártico hacia el sur. Cuando el *jet stream* «queda enganchado», esto provoca en el suelo un fenómeno meteorológico extremo. Un estudio del Potsdam-Institut für Klimafolgenforschung (PIK) de 2014 muestra que desde el año 2000 se produce prácticamente con el doble de frecuencia que antes.

Las consecuencias del cambio climático afectan en mayor medida a los países más pobres. De acuerdo con un estudio elaborado a fines de 2012 por el PIK por encargo del Banco Mundial, el calentamiento que es de temer se manifestará con 4° C hasta 2100 de manera especialmente intensa en las regiones tropicales. Por consiguiente, el aumento esperado del nivel del mar alrededor del ecuador será 15-20 % más fuerte que en otro lugar, lo que eleva los riesgos en caso de tormentas tropicales e inundaciones de intensidad en aumento. Las futuras temperaturas promedio estarían por encima del nivel actual de olas de calor. Las sequías y las pérdidas de cosechas serían más frecuentes y graves."[100]

La protección climática se convierte así en una protección de la población mundial frente a un fuerte cambio climático. Recapitulemos las medidas políticas mundiales hasta el presente. "En la Convención Marco sobre el Cambio Climático (CMCC) suscripta en 1992 en la Cumbre de la Tierra en Río de Janeiro (Brasil), 152 Estados formularon el objetivo conjunto de «lograr la estabilización de las concentraciones de gases invernadero en la atmósfera en un nivel en el que se evite una perturbación antropogénica peligrosa del sistema climático». La CMCC entró en vigor el 21.3.1994 y fue ratificada hasta mayo de 2015 por 195 Estados y la UE. En la Cumbre Mundial sobre el Clima de Cancún (México) a fines de 2010 se concretó por primera vez este objetivo de manera vinculante: por consiguiente, el calentamiento deberá limitarse hasta 2100 en 2 °C frente al nivel preindustrial. Según el actual Informe del IPCC, las emisiones acumuladas de CO_2 no deberían superar los 2,9 billones de toneladas para lograr este objetivo. Sin embargo, desde el comienzo de la industrialización ya se emitió el 69 % de esta cantidad.

Según datos del IPCC, el **objetivo de dos grados** solo puede lograrse si las concentraciones de CO_2e de la atmósfera en el año 2100 son de aprox. 450 ppm. Según el IPCC, a través de las correspondientes medidas de protección climática debe calcularse con un retroceso del consumo de 1,7 % en promedio en el año 2030, de 3,4 % en el año 2050 y de 4,8 % en el año 2100; no están incluidos en el cálculo los

100 Der neue Fischer Weltalmanach 2016, pág. 694 y sig.

efectos económicos positivos de las medidas de protección climática, p. ej. en el campo de la salud y de la conservación de la pureza del aire. Una demora de estas medidas provocaría mayores costos a largo plazo.

El «Informe Gap» del Programa para el Medio Ambiente de las Naciones Unidas (UNEP) calcula el presupuesto de CO_2 que permite el **cumplimiento del objetivo de dos grados**: por consiguiente, entre 2055 y 2070 debería alcanzarse la neutralidad de CO_2, es decir, las emisiones deben compensarse mediante reducción. Entre 2080 y 2100 las emisiones deberían bajar a cero."[101]

La Cumbre Mundial sobre el Clima en Lima, en el año 2014, fue una escala importante en el camino hacia la Cumbre del Clima en París, en diciembre de 2015. "En la Conferencia Mundial de las Naciones Unidas sobre el Clima en Lima (Perú) del 1º al 14.12.2014, los representantes de 195 Estados y de la UE continuaron el trabajo en el texto del acuerdo celebrado en diciembre de 2015 en París y que debe entrar en vigor en 2020. Quedó pendiente la forma jurídica que debía tener el acuerdo. Se debatió intensamente, ante todo, acerca del equilibrio entre reducción de emisiones y adecuación. En el documento final se recalcó que esta última deberá desempeñar un mayor papel; esta fue una petición importante de los países en vías de desarrollo.

---

101 Ibídem, pág. 695 y sig.

Representantes de Organizaciones Indígenas del Amazonas Brasileño en la Cumbre Mundial sobre el Clima en Lima

Simultáneamente se resolvió que todos los Estados presentaran lo antes posible sus aportes planificados para la protección del clima. Otro punto central fue la distribución de los compromisos entre los Estados. El Protocolo de Kioto solo era vinculante para los países industrializados. Estos (y la UE) abogan ahora por abandonar la diferenciación y orientar el compromiso en función de la productividad económica de los Estados; esto afectaría a países en vías de desarrollo como Brasil o la República Popular China. En el Fondo Verde del Clima, que debe apoyar a los países en vías de desarrollo en la protección climática y la adecuación, se pagaron más de USD 10.000 millones."[102]

---

102 Ibídem, pág. 696, con ilustración

Corresponde en tanto al bien común económico que los bosques pertenecen a los sumideros de dióxido de carbono más importantes. O sea, debería emprenderse algo para proteger los bosques.

"A pesar de numerosos esfuerzos, hasta la fecha no existe aún **ninguna convención global para protección de los bosques**. El Foro de las Naciones Unidas sobre los Bosques (UN Forum on Forests/UNFF), organizado en el año 2000, concertó en 2007 un Acuerdo Internacional sobre los Bosques. Si bien bajo el derecho internacional no es vinculante, fue reconocido positivamente como el primer acuerdo global para protección de los bosques. Por primera vez se definen allí de manera completa y uniforme criterios de una explotación forestal sustentable. En la 11ª sesión del Foro del 4 al 15.5.2015 el punto central estuvo dado por debates sobre organización y futuro trabajo del Foro. Se creó un grupo de trabajo que, con el apoyo de expertos, debía desarrollar una estrategia 2017-2030 y un plan de trabajo cuatrienal 2017-2020.

Independientemente del proceso internacional, muchos países han mejorado la protección de los bosques. Según la FAO, aproximadamente el 12 % de los bosques se encuentra en áreas protegidas destinadas a la conservación de la diversidad biológica; la superficie se incrementó en 1,9 %/año en 2000-2010.

Nuevos estímulos para la conservación de los bosques podrían surgir del acuerdo internacional sobre protección del clima que deberá negociarse hasta fines de 2015. Bajo la denominación REDD (reducción de emisiones por deforestación y degradación de los bosques) ya se formuló como objetivo la protección de los bosques en la Conferencia de las Naciones Unidas sobre el Clima de Bali 2007. En el marco de esta regulación, los países más pobres deberán recibir una compensación financiera si protegen sus selvas. Más adelante, el programa se amplió con la explotación forestal sustentable. (REDD+)."[103]

Desde hace algunos años se conoció a través de imágenes satelitales que en el Ártico en el verano se derrite más rápido el hielo de lo que debería derretirse según cálculos científicos acordes con el calentamiento global hasta ahora. A partir de 2012 se instalaron boyas robot para mediciones en el océano Ártico y se descubrió, entretanto, que existe un efecto de retroalimentación positiva para este resultado: "Inclusive en los años más cálidos, en primavera el Ártico permanece todavía bajo una coraza de hielo. Pero hacia fines del verano existe allí una superficie de agua del doble de tamaño del mar Mediterráneo. Cuanto más extendida esta superficie, tanto más grande es el *fetch* y tanto más altas son las olas que se acumulan: el viento impulsa el agua, cuanto más ancha y más larga, tanto más violenta la montaña de agua.

Cuando el mar está libre de hielo, también absorbe más luz solar. De este modo, se calienta el agua, se calienta el aire y aumenta el viento. Las olas generadas por este pueden romper en días superficies de hielo del tamaño de Alemania. Se genera así más agua abierta, lo que favorece la formación de olas aún más grandes.

No queda claro el aporte exacto de los distintos eslabones de este lazo de retroalimentación a la destrucción del hielo. También cabe la pregunta, en qué medida las olas demoran el nuevo congelamiento en otoño. Para comprender mejor tales relaciones son necesarios conocimientos más precisos sobre la interacción entre las olas y la banquisa."[104]

---

103 Ibídem, pág. 699
104 Harris, Mark: Wellen als arktische Eisbrecher (Olas como rompehielos árticos). En: Spektrum der Wissenschaft, octubre de 2015, pág. 72 y sig.

Sin embargo, el derretimiento del hielo ártico no contribuye al aumento del nivel del mar en todo el mundo. Este problema se genera por el derretimiento de los glaciares montañosos en Groenlandia y en las altas montañas. Entretanto se agrega, además, el paulatino adelgazamiento del casquete glaciar antártico. La consecuencia queda clara mediante un titular del semanario DIE ZEIT: **"No dejamos que se hunda"** con el subtítulo "Por qué la Cumbre de París podría contribuir al éxito en la lucha contra el cambio climático", un artículo de Claus Hecking.[105]

El artículo tiene como introducción una foto sumamente expresiva:

El epígrafe de la foto dice: "Niña frente a la costa de la isla india Ghoramara, amenazada con **hundirse**."[106]

---

105 Hecking, Claus: Wir lassen sie nicht untergehen (No dejamos que se hunda). En: DIE ZEIT Nº 39 del 24.09.2015, pág. 26, con ilustración (extracto)
106 Ibídem, con diagramas

Los mayors emisors mundial, milliones t CO_2

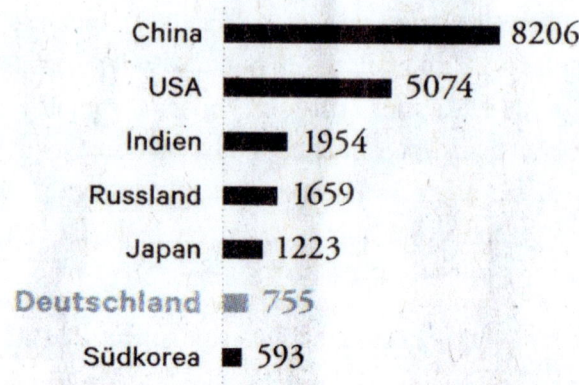

China 8206
USA 5074
Indien 1954
Russland 1659
Japan 1223
Deutschland 755
Südkorea 593

Gráfico **ZEIT**/Fuente: AIE 2012

Universal emisión de CO_2 por combustión combustiles fósiles, mil milliones t

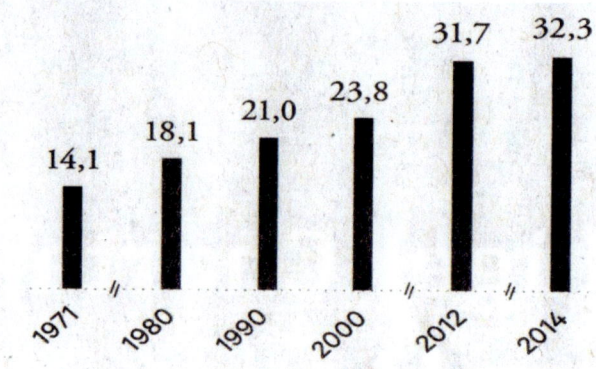

14,1 18,1 21,0 23,8 31,7 32,3

1971 1980 1990 2000 2012 2014

Gráfico **ZEIT**/Fuente: AIE

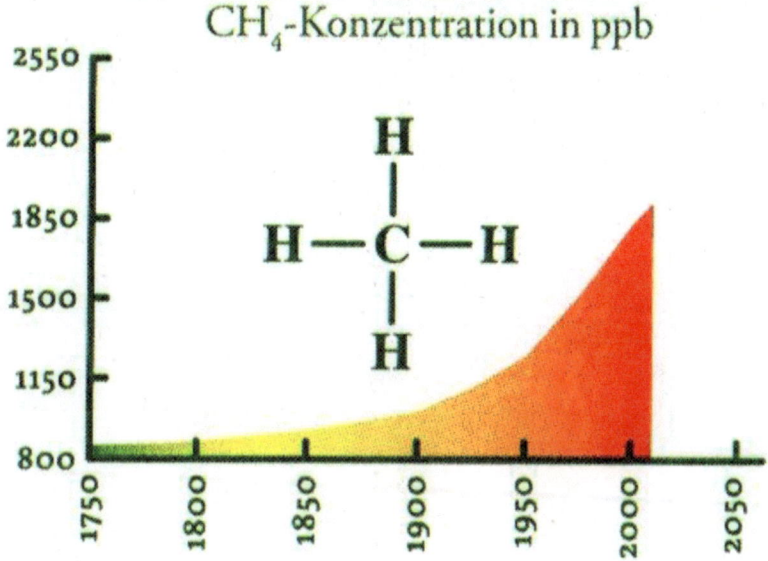

METHAN IN DER ATMOSPHÄRE
CH_4-Konzentration in ppb

La sociedad de químicos alemanes Gesellschaft Deutscher Chemiker (GDCh) publicó en la revista "Spektrum der Wissenschaft" de octubre de 2015 una contribución especial de 24 páginas sobre el tema "El planeta humano".[107] Aquí se presentan gráficamente, entre otras cosas, las emisiones de los gases perjudiciales para el clima desde 1750: esta ilustración muestra el aumento de la concentración de metano en la atmósfera hasta aproximadamente 2014. La ilustración siguiente muestra el aumento de la concentración de dióxido de carbono en el mismo período:[108]

---

107 GDCh (Edit.) Fráncfort del Meno 2015. En: Spektrum der Wissenschaft, octubre de 2015, a partir de pág. 86
108 Ibídem, pág. 5, con ilustraciones

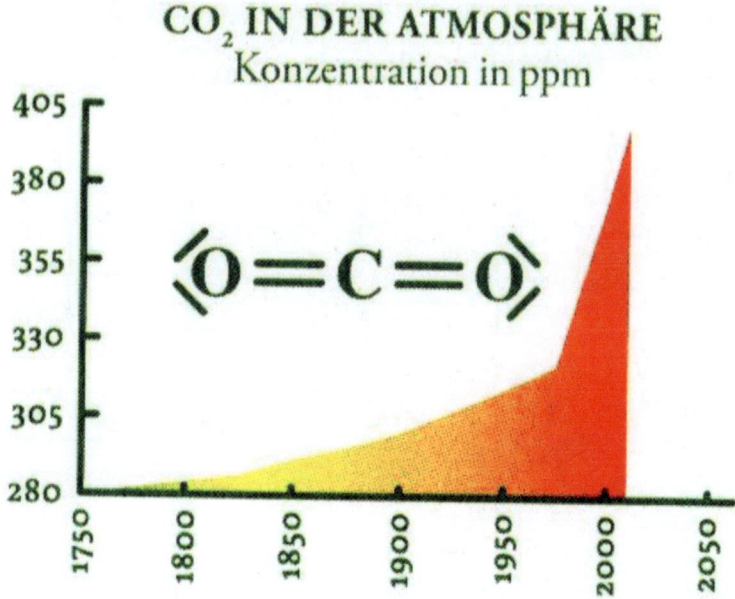

CO$_2$ IN DER ATMOSPHÄRE
Konzentration in ppm

En el artículo **"LA REVOLUCIÓN DE LA ENERGÍA"**, con el subtítulo "Para evitar las consecuencias catastróficas del cambio climático debemos administrar el CO$_2$ de manera neutra hasta fines del siglo. Los expertos están convencidos de que: ¡Es posible!"[109] se explica la situación: "El suelo para una economía pobre en CO$_2$ está preparado, las tecnologías decisivas están disponibles. Correspondientemente cerca supone también la revolución de la energía el economista americano, asesor político y publicista Jeremy Rifkin. Pero para ello es determinante que cambien las condiciones marco políticas en Europa, Estados Unidos y los grandes países en vías de desarrollo y se reúnan las inversiones a tal fin. El punto de vista de que esto debe suceder evidentemente ya existe.

109 Ibídem, pág. 14

En la Cumbre de los Estados del G7 en el castillo de Elmau, los jefes de Estado y de Gobierno presentes se pusieron al menos de acuerdo a renunciar en el curso del siglo XXI a las fuentes de energía fósiles y a alcanzar una "descarbonización" de la economía mundial. La AIE parte de 26 billones de dólares que los Estados y las empresas deben invertir de cualquier manera en todo el mundo hasta 2030 en nuevas estructuras y suministros de energía. Simplemente once billones son adicionalmente necesarios para mantener el cambio climático dentro de los límites con ayuda de las energías regenerativas.

Y de este modo, Jeremy Rifkin está también convencido de que se logrará la "tercera revolución industrial": "En el siglo XXI cientos de millones de personas generarán su propia energía verde: en sus casas, en oficinas, en fábricas, y la compartirán con otros a través de redes de electricidad descentralizadas inteligentes –redes de Internet–, de la misma forma en que los hombres crean actualmente sus propias informaciones y las comparten con otros a través de Internet."[110]

Esta declaración recomienda una participación en las acciones mencionadas para evitar una multiplicación de los costos. Si amamos a nuestros hijos, nietos y bisnietos, nos disgustará la conocida frase "después de nosotros, el diluvio".

¡Es preferible que nos involucremos en la conformación del futuro!

---

110 Ibídem, pág. 17

6. Cumbre del Clima 2015 en París

La Cumbre del Clima en París del 30 de noviembre al 12 de diciembre apuntó en la dirección de la conformación activa del futuro. Más de 150 jefes de Estado y de Gobierno se reunieron el 30.11.2015 para reflexionar acerca de cómo podría mantenerse dentro de los límites el calentamiento global.

La foto grupal muestra una gran cantidad de estos conductores de Estados.[111]

En el informativo Tagesschau del 30.11. a las 17.00 horas Lorenz Beckhardt, ARD París, informó: "En unos días decidiremos sobre varias décadas", indicó Hollande. El cambio climático no solo perjudica la vida en la Tierra, también dispara conflictos: "En esta Conferencia del Clima se trata de la paz", recalcó el jefe de Estado de Francia.

Hollande crea esperanzas a partir de las primeras declaraciones de intención. Más de 180 países ya habían emitido declaraciones de intención nacionales antes de la Cumbre del Clima en París.

---

111 http://www.tagesschau.de/ausland/klima-gipfel-auftakt-103.html

Pero estos propósitos deberían convertirse también en hechos, pide el anfitrión."[112]

"La canciller federal Angela Merkel instó con énfasis en la Conferencia de las Naciones Unidas sobre el Clima a un acuerdo de protección climática amplio y vinculante. La limitación del calentamiento global es una 'cuestión del futuro de la humanidad', dijo en Le Bourget, cerca de París. Desde hace tiempo existe 'por primera vez la oportunidad de lograr nuestro objetivo de un acuerdo'. Métodos de medición transparentes deberían asegurar que los esfuerzos prometidos en la protección del clima también puedan controlarse.

Cada cinco años deberían controlarse las promesas realizadas por los distintos Estados. Hasta ahora, estas no fueron suficientes para el logro del objetivo de dos grados. Debería comenzarse con ello, en lo posible, ya antes de 2020, cuando debe entrar en vigor el nuevo acuerdo. Para Alemania, Merkel confirmó los objetivos de reducir las emisiones en un 40 por ciento hasta 2020 en comparación con 1990 y

---

112 Ibídem

en un 80 a 95 por ciento hasta 2050. 'Alemania realizará su aporte', prometió la canciller."[113]

"La canciller federal Angela Merkel pidió a los países más ricos cumplir su promesa financiera con los Estados más pobres y especialmente vulnerables y, a partir de 2020, poner a su disposición anualmente 100.000 millones de dólares para la protección del clima y la superación de las consecuencias climáticas.

Algunas naciones económicas líderes e inversores de la economía privada ya han realizado las primeras promesas financieras:

- Alemania, Noruega y Gran Bretaña quieren aumentar hasta 2020 su **financiación para la protección de los bosques** a, en total, **mil millones de dólares estadounidenses por año**. Podrían beneficiarse con ello, entre otros, Brasil, Colombia y Etiopía. 'La protección de los bosques será un módulo importante del Acuerdo de París', indicó la ministra federal de Medio Ambiente Barbara Hendricks (SPD). Un primer proyecto fue acordado ya en Le Bourget: Colombia prometió limitar paulatinamente la deforestación de sus bosques y detenerla por completo en 2020. Por el carbono que queda en los árboles, el país sudamericano recibe unos cinco dólares estadounidenses por tonelada. Según las estimaciones de las Naciones Unidas, con la protección de los bosques podría lograrse globalmente alrededor de un tercio de la reducción necesaria de gases invernadero.

- Alemania, Noruega, Suecia y Suiza crean, conjuntamente con el Banco Mundial **Transformative Carbon Asset Facility**

113 http://www.zeit.de/thema/klimagipfel-2015, con ilustración en página anterior

(TCAF), una nueva iniciativa que busca apoyar con **500 millones de dólares** a los **países en vías de desarrollo en la lucha contra el cambio climático**. El dinero deberá ayudar a los países, por ejemplo, en la transición hacia las energías renovables o en los campos temáticos eficiencia energética y gestión de residuos. La iniciativa comienza con el trabajo en 2016, en un principio con 250 millones de euros de los países fundadores. Hasta que se alcance el objetivo de 500 millones de euros, el programa continúa abierto a otros patrocinadores.

- Canadá, Dinamarca, Finlandia, Francia, Alemania, Irlanda, Italia, Suecia, Suiza, Gran Bretaña y Estados Unidos aportan en conjunto 250 millones de dólares al **Least Developed Countries Fund (LDCF)**, una iniciativa de ayuda de Global Environment Facility (GEF) para países en vías de desarrollo y especialmente vulnerables que padecen las consecuencias del cambio climático. Desde 2001, 320 proyectos de adecuación de 129 países han utilizado estas ayudas. El GEF ha podido pagar hasta ahora un total de 1.300 millones de dólares a partir de recursos propios y movilizar un total de 7.000 millones de otras fuentes.

- El jefe de Estado chino Xi Jinping anuncia la creación de un **fondo que comprende 20.000 millones de dólares** destinado a ayudar a **países en vías de desarrollo**. Deberán transferirse a los países en vías de desarrollo técnicas amigables con el clima. Deberán considerarse las necesidades de estos Estados de reducir la pobreza y elevar el estándar de vida de su población.

El objetivo debe ser una cooperación con beneficio mutuo en la cual cada país aporte lo que sea posible.

- El presidente estadounidense Barack Obama y el presidente francés François Hollande lanzaron, junto con el cofundador de Microsoft Bill Gates, la **Mission Innovation**. En esta iniciativa, 20 países se comprometen a duplicar sus **inversiones en el desarrollo de tecnologías limpias** en los próximos cinco años. Entre los países participantes se cuentan Arabia Saudita, India, China, Indonesia y Brasil."[114]

En la Cumbre del Clima, Merkel y Obama quieren abogar por objetivos vinculantes.[115]

"Estados Unidos quiere asumir responsabilidad en la Cumbre del Clima. El presidente estadounidense Barack Obama destacó que su país asume responsabilidad conjunta por el cambio climático.

Estados Unidos hizo mucho entonces en los años pasados para la ampliación de las energías renovables. Las emisiones de CO_2 de Estados Unidos están ahora en el nivel más bajo desde hace 20 años.

La canciller federal Angela Merkel reclama en París confiabilidad. Tanto los acuerdos como también los controles posteriores de los

---

114 30.11.2015, hora 16.23, fuente: ZEIT ONLINE, dpa, Reuters, AFP, sig
115 Tagesschau hora 17.00, 30.11.2015, Lorenz Beckhardt, ARD París

objetivos fijados deberían ser vinculantes.

También China ve un camino importante en las energías renovables. China es el mayor consumidor de electricidad del mundo y tiene la emisión más grande de gases invernadero. En la actualidad se muestran las consecuencias del consumo de energía en el esmog sobre la región de Pekín. En la opinión de Xi Jinping, la Cumbre del Clima debe considerar el desarrollo diferenciado de los países participantes. Cada país debe tener la posibilidad de desarrollar sus propias vías de solución para el problema del clima. Él pidió a los países industrializados emprender pasos de gran alcance... Alemania, Noruega, Suecia y Suiza ya comenzaron en conjunto con el Banco Mundial un proyecto muy concreto. Quieren poner a disposición 250 millones de dólares estadounidenses para los países en vías de desarrollo. Con este dinero deberán eliminarse los combustibles fósiles perjudiciales para el clima y reducirse los obstáculos legales para las energías renovables."[116]

En el semanario "DIE ZEIT" del 10 de diciembre de 2015, en página 1, Claus Hecking describe las causas por las cuales la Cumbre del Clima en París puede ser exitosa: muchas Cumbres del Clima fracasaron en su planteamiento. Hasta ahora, los participantes debían acordar un valor objetivo para la emisión mundial de dióxido de carbono y otros gases invernadero, y prorratear los ahorros a realizar en Estados individuales. "Con frecuencia la negociación terminaba en discusión. Los organizadores parisinos invirtieron el orden y comenzaron una especie de colecta para el clima. Todos debían indicar voluntariamente cuánto CO_2 querían ahorrar. Cada Gobierno contribuye solo con aquello que vale la pena para su país: ecológica y económicamente.

---

116 Ibídem

La colecta para el clima une. 185 Gobiernos presentaron sus contribuciones, algunas de ellas son notables. Grandes contaminadores como China y Estados Unidos, pero también países como Etiopía, anuncian ampliar en gran escala energías regenerativas. Detrás de esto existe poco altruismo y mucho cálculo comercial."[117]

La Cumbre del Clima duró más de lo planificado. Concluyó recién el 12.12.2015 a las 19.24 horas.[118]

"El Acuerdo de París sobre la protección del clima fue considerado mayormente positivo"[119]

117 Hecking, Claus: Profit für die Welt (Beneficio para el mundo). En: DIE ZEIT N° 50 del 10.12.2015, pág. 1
118 Eckert, Werner: Klimaabkommen von Paris. Ein solides Fundament (Acuerdo de París sobre el clima. Un fundamento sólido). http://www.tagesschau.de/ausland/klimavertrag-einigung-103.html#header

119[119] Ibídem, con ilustración

El 12.12.2015 a las 22.29 horas se presentó en Tagesschau la siguiente contribución:

"Se logró: los participantes de la Cumbre del Clima en París han convenido un nuevo acuerdo de protección del clima. El acuerdo señalado como histórico involucra por primera vez a casi todos los países del mundo en la lucha contra el calentamiento global, a diferencia del Protocolo de Kioto de 1997.

En la Conferencia de las Naciones Unidas sobre el Clima casi 200 Estados concertaron un acuerdo en la lucha contra el cambio climático. En calidad de presidente de la Conferencia, el ministro de Relaciones Exteriores de Francia Laurent Fabius pudo constatar la decisión sin que se presentara oposición. "Veo la sala, la reacción es positiva, no oigo objeciones", dijo antes de sellar el acuerdo con un golpe de martillo.

Los delegados celebraron el acuerdo de pie con un aplauso de varios minutos. '"Es nuestro éxito, el éxito de todos los Estados en este proceso", manifestó plena de júbilo la presidencia luxemburguesa del Consejo de la Unión Europea. La canciller federal Angela Merkel habló de un "signo de esperanza". La ministra alemana de Medio Ambiente Barbara Hendricks habló en el canal ARD de un "momento histórico", pero que "París no es el fin, sino el comienzo de un largo camino". En la conversación con *Tagesthemen* exhortó: "Debemos ser aún mejores."[120]

Tagesthemen brindó al respecto el siguiente trasfondo:

"Con el pacto aceptado por la noche después de tenaces negociaciones deberá limitarse el calentamiento global en, claramente, menos de dos grados medidos frente a la era

---

120 http://www.tagesschau.de/ausland/klimavertrag-einigung-101.html

preindustrial. El acuerdo deberá introducir, finalmente, una conversión completa del suministro de energía mundial y un abandono del carbón y del petróleo con el fin de frenar la emisión de los peligrosos gases invernadero.

Dado que los objetivos de emisión nacionales existentes hasta ahora no son suficientes para lograr estos objetivos, a partir de 2023 deberán ser controlados cada cinco años. Según una decisión complementaria también resuelta, ya en 2018 deberá realizarse un primer inventario informal. En la segunda mitad del siglo deberá alcanzarse la neutralidad de las emisiones de los gases invernadero."[121]

La ministra federal de Medio Ambiente Barbara Hendricks en diálogo con Thomas Roth, Tagesthemen, 23.15 horas, 12.12.2015

El 17.12.2015, el semanario "DIE ZEIT" publicó en página 25 el artículo "**No se alegren demasiado pronto**", de Claus Hecking.[122]

---

121 Ibídem, con ilustración
122 Hecking, Claus: Jubelt nicht zu früh (No se alegren demasiado pronto). En: DIE ZEIT Nº 51, 2015, pág. 25

El subtítulo reza: "Para que el Acuerdo de París sobre el Clima pueda tener efecto deben encarecerse el petróleo y el carbón".[123]

"La era de los combustibles fósiles también termina en los mercados financieros, podría pensarse intuitivamente. Y sin embargo, ni siquiera los activistas medioambientales celebran la caída continua desde hace meses de los precios del petróleo y del carbón. Al contrario: el fuerte retroceso de las cotizaciones del lunes, según escribe el portal financiero Brakingviews, "le quita su brillo al Acuerdo sobre el Clima". Ya que prácticamente nada es tan peligroso para la transición energética global dispuesta en París como los precios bajos para el petróleo y el carbón."[124]

No obstante, los bancos y seguros más importantes resolvieron no invertir más en combustibles fósiles. "La banca de inversión Goldman Sachs acaba de dar a conocer que invertirá hasta 2025 un total de 150.000 millones de dólares en tecnologías de energía con baja emisión. Otras firmas de Wall Street, como Morgan Stanley o la neerlandesa Ing-Diba, quieren darle a la industria carbonífera claramente menos créditos o incluso ninguno, por cierto también por interés propio. "Si usted tiene inversiones en la industria fósil y 195 países dicen que quieren descarbonizar, esto significa riesgos para su cartera", señala la directora de IIGCC Pfeifer."[125]

Con el fin de evitar que debido a los precios en descenso del petróleo y el carbón vuelvan a construirse mayor cantidad de centrales eléctricas de petróleo y centrales térmicas de carbón, deben existir cargos adicionales estatales para la emisión de gases invernadero como el dióxido de carbono.

---

123 Ibídem
124 Ibídem
125 Ibídem

En París todavía no ha sido un tema serio la introducción de un impuesto global al dióxido de carbono. "Fue muy grande la resistencia de exportadores de combustibles como Arabia Saudita, Rusia o Venezuela. De todos modos, el Acuerdo menciona la posibilidad de una fijación de los precios. Y el presidente de Francia François Hollande dijo que puede imaginarse que hasta 2020 los 20 países industrializados y en vías de desarrollo líderes (G20) introducirán sistemas de precios del CO_2."[126]

En este punto recuerdo la obra de tres tomos "**El principio esperanza**", de Ernst Bloch, publicada en 1959 por la editorial Suhrkamp. En enero de 1978, durante mis estudios, adquirí esta obra filosófica y saqué provecho de su lectura, después de que el trabajo de reconstrucción tras la Segunda Guerra Mundial también nos permitió a nosotros, refugiados, aprobar el bachillerato y completar una carrera.[127]

El principio esperanza acompañó la reunión de las sociedades europeas en la Unión Europa y de la comunidad mundial en las Naciones Unidas.

Se trata de continuar utilizando y cuidando este principio para conservar la vida sobre la Tierra y mantener la digna de ser vivida. La conformación del futuro con ayuda de los pensamientos de la Ilustración es posible y, así es de desear para nuestros hijos y nietos, deberá repercutir económica y ecológicamente en forma útil sobre la vida de la comunidad mundial.

---

126 Ibídem
127 Bloch, Ernst: Das Prinzip Hoffnung (El principio esperanza). Fráncfort del Meno 1959, 4ª edición 1977

Bibliografía

Beckhardt, Lorenz, ARD Paris, Tagesschau 17.00 horas, 30.11.2015

Bloch, Ernst: Das Prinzip Hoffnung. Fráncfort del Meno 1959, 4ª edición 1977

BP, The British Petroleum Company Ltd.: BP statistical review of the world oil industry 1976. Londres 1977

Burchard, Hans-Joachim: Neue Maßstäbe für ein neues Recht. En: Imhoff/Silenius: Energie – politische Macht. 1976. Pág. 123-131

Der Fischer Weltalmanach 1987. Edit.: Hanswilhelm Haefs, Fráncfort del Meno 1986

Der Fischer Weltalmanach 1997. Edit.: Dr. Mario von Baratta, Fráncfort del Meno 1996

Der Fischer Weltalmanach 2004. Edit.: Dr. Mario von Baratta, Fráncfort del Meno 2003

Der Fischer Weltalmanach 2007. Redacción: Eva Berié y Heide Kobert (responsable), Fráncfort del Meno 2006

Der Fischer Weltalmanach 2010. Redacción: Eva Berié (responsable), Fráncfort del Meno 2009

Der neue Fischer Weltalmanach 2012. Redacción: Eva Berié (responsable), Fráncfort del Meno 2011

Der neue Fischer Weltalmanach 2013. Redacción: Eva Berié (responsable), Fráncfort del Meno 2012

Der neue Fischer Weltalmanach 2014. Redacción: Eva Berié (responsable), Fráncfort del Meno 2013

Der neue Fischer Weltalmanach 2015. Redacción: Eva Berié (responsable), Fráncfort del Meno 2014

Der neue Fischer Weltalmanach 2016. Redacción: Christin Löchel (responsable), Fráncfort del Meno 2015

DESERTEC: http://www.desertec.org/de/organisation/

Deutschlandfunk: http://www.deutschlandfunk.de/

DIE ZEIT: Das Lexikon in 20 Bänden, Hamburgo 2005

DIE ZEIT: http://www.zeit.de/thema/klimagipfel-2015

Evers, Ingo: Nach dem Ölschock: Weltwirtschaft im Umbruch. En: Imhoff/Silenius: Energie – politische Macht. 1976. Pág. 97-122

Fernau, Friedrich Wilhelm: Perspektiven der Erdölversorgung. En: Imhoff/Silenius: Energie – politische Macht. 1976. Pág. 83-96

Fischermann, Thomas: Es läuft wie schlecht geschmiert. En: DIE ZEIT, Hamburgo, N° 2 2015. Pág. 25

GDCh (Edit.) Fráncfort del Meno 2015. En: Spektrum der Wissenschaft, octubre 2015, a partir de pág. 86

Harris, Mark: Wellen als arktische Eisbrecher. En: Spektrum der Wissenschaft, octubre 2015, pág. 72 y sig.

Hecking, Claus: Gemeinsam schnell die Welt retten, en: DIE ZEIT N° 32 2015, Hamburgo 6.8.2015, pág. 23

Hecking, Claus: Jubelt nicht zu früh. En: DIE ZEIT N° 51 2015, Hamburgo 17.12.2015, pág. 25

Hecking, Claus: Profit für die Welt. En: DIE ZEIT N° 50 del 10.12.2015, pág. 1

Hecking, Claus: Wir lassen sie nicht untergehen. En: DIE ZEIT N° 39 del 24.09.2015, pág. 26

IRENA:
https://de.wikipedia.org/wiki/Internationale_Organisation_für_ern euerbare_Energien

Krüger, Ralf E., Schultze, Christine: Offshore-Branche schöpft wieder Hoffnung, en Rhein-Neckar-Zeitung N° 181 del 8/9 de agosto de 2015, pág. 22

Lexikon der Physik, 2000. Spektrum Akademischer Verlag GmbH Heidelberg. Tomo 5 pág. 348 y sig. Tomo 4 pág. 294 y sig. Tomo 2 pág. 97

Lieser, Peter: Zur Genesis der Energiekrise. Der vierte Nahostkrieg, Erdölpolitik und internationale Beziehungen. En: Orient 1975, N° 2 (junio), pág. 21-56

Luther, Carsten: Elmau-Gipfel. Die G7 allein können es nicht richten, en: http://www.zeit.de/politik/deutschland/2015-06/g7-ergebnisse-kommentar

Masdar: http://masdar.ae/ y https://de.wikipedia.org/wiki/Masdar

Meadows, D. y otros: Die Grenzen des Wachstums, 1972

Münch, Erwin (edit.): Tatsachen über Kernenergie. Essen 1980. Indicación de fuente [5]: Plasma Physics and Controlled Nuclear Fusion Research, vol. I y II, IAEA-Viena 1979, especialmente Eubank, H. y otros, PLT Neutral beam heating results, pág. 167

Oktoberkrieg und Truppenentflechtung. Número siete de: Die Memoiren des Anwar el-Sadat. En: Der Spiegel. Hamburgo, 08.05.1978, N° 32, 19, pág. 201-221

Plöger, Sven: GUTE AUSSICHTEN FÜR MORGEN, Fráncfort del Meno y Múnich, 2ª edición 2010

Scherer, Katja: Rein ins Rohr, en: DIE ZEIT N° 18, Hamburgo 2015, pág. 31

Springer, Michael: Wird Fracking den Energiehunger stillen? En: Spektrum der Wissenschaft 8/2014 pág. 20

Tagesschau:

http://www.tagesschau.de/ausland/klima-gipfel-auftakt-103.html

http://www.tagesschau.de/ausland/klimavertrag-einigung-101.html

Ministerio de Relaciones Exteriores de EE. UU. y otros: The Global 2000 Report to the President, Washington 1980, edición de la traducción alemana: Reinhard Kaiser, en Zweitausendeins, Fráncfort del Meno 1980

Winnacker, Karl/Wirtz, Karl: Das unverstandene Wunder, Kernenergie in Deutschland, Düsseldorf-Viena 1975

ZEIT ONLINE, dpa, Reuters, AFP, sig, 30.11.2015, 16.23 horas

9 783740 716806